Antologia de Il Cibernetico I

Alessandro Agrati

Marco Costantino

Edoardo Ferri

Giuseppe Principato

Ilaria Maria Villari

ANTOLOGIA DE IL CIBERNETICO I

ANTOLOGIA DE IL CIBERNETICO I

Copyright © 2021 Alessandro Agrati, Marco Costantino, Edoardo Ferri, Giuseppe Principato, Ilaria Maria Villari

Tutti i diritti riservati.

Codice ISBN: 9798485919658

DEDICA

La prima antologia la dedichiamo a tutti i lettori: passati, presenti e futuri, a cui forse i nostri scritti sono serviti ad allenare il pensiero critico.

ANTOLOGIA DE IL CIBERNETICO I

ANTOLOGIA DE IL CIBERNETICO I

INDICE

Titolo:	Pagina:
L'inizio	1
1 Smart working durante l'epidemia COVID-19, opportunità o ennesimo fallimento Italiano?	4
2 Parole controverse: l'effetto Garcia	12
3 Morpheus il processore a prova di malware	16
4 La storia delle criptovalute dal 1983 al 2007, dai Cypherpunks alle istituzioni	21
5 VIDEOGAMES: Dal 1947 al 2020	26
6 L'era della guerra cibernetica	33
7 Cosa sta succedendo in Europa	38
8 INDIE E MOD: realtà indipendenti	41
9 La crittografia a chiave pubblica, il contributo di James H. Ellis	45
10 Upland: la sottile linea di confine tra economia virtuale e reale	50
11 VIDEOGAME: impatto nella società odierna	54
12 L'informazione come pilastro dell'Ingegneria Sociale	58

13	Profilare la comunicazione: sistema DISC nel social engineering	64
14	Satoshi Nakamoto, il terrorista più ricercato al mondo, viene rapito e torturato dall'NSA	69
15	Il fenomeno "Dreams"	73
16	Piuttosto che usare piuttosto che...	75
17	App di tracciamento, blockchain e Coronavirus, che succede?	79
18	Paralisi del sonno: tra scienza e paranormale	83
19	Intel e AMD vittime di spionaggio industriale durante gli anni '80	86
20	Infodemia, COVID-19 e analogie storiche nella verifica delle fonti	90
21	Una nuova bolla finanziaria all'orizzonte?	97
22	Per creare una criptovaluta serve essere dei geni?	101
23	Come si crea una criptovaluta? Ci abbiamo provato	104
24	Easter egg del mondo videoludico (speciale Pasqua)	108
25	L'affaire Ercolessi	111
26	La crittografia nell'antichità	118

ANTOLOGIA DE IL CIBERNETICO I

27	La Guerra infinita	123
28	I	125
29	II	133
30	III	141
31	IV	150
32	V	157
33	Autori	169

ANTOLOGIA DE IL CIBERNETICO I

L'INIZIO

Potremmo vedere "Il Cibernetico" come l'evoluzione di un'idea nata sui banchi di scuola agli inizi degli anni 2000, con una rudimentale *e-zine* denominata "h2o magazine", a cui Marco ed Edoardo avevano dato vita. In tale spazio, caratterizzato da contenuti a tema "nerd", si potevano trovare recensioni di dispositivi tecnologici accanto a guide di *hacking*. Successivamente, le vicissitudini della vita portarono i due ex compagni di classe a gestire assieme un'attività professionale, il cui blog si è trasformato, alla fine del 2019, nell'attuale progetto.

L'aspirazione de "Il Cibernetico" è quella di essere una rivista elettronica in grado di trattare numerose tematiche, non soltanto strettamente legate all'ambito informatico. A fare da filo conduttore è l'attuale epoca che stiamo vivendo, la cosiddetta "era dell'informazione", che pone a tutti nuove sfide da affrontare e questioni su cui riflettere. Così è partito il progetto, aprendosi alla collaborazione da parte di autori con diversi background, che hanno apportato idee e contenuti. Col 2020 ci si è ben presto dovuti confrontare con la pandemia di Covid-19; il confinamento e l'impossibilità di svolgere le solite attività hanno posto delle difficoltà che avrebbero potuto bloccare la neonata rivista. E tuttavia, grazie alla coesione del gruppo e alla comune volontà di portare avanti il progetto, si è andati avanti. Anzi, da un certo punto di vista, le restrizioni dovute alla situazione sanitaria ci sono state d'aiuto; venendo meno altri impegni di carattere ricreativo, ci siamo concentrati sulla scrittura di nuovi articoli, mantenendo una frequenza di pubblicazione costante e incontrando un discreto apprezzamento sulla rete.

Eccoci quindi alla prima raccolta di articoli de "Il Cibernetico" in formato cartaceo, nata dall'idea di intercettare un pubblico che preferisce fruire dei contenuti in modo più tradizionale. A differenza delle pubblicazioni online, caratterizzate mediamente da articoli di una manciata di minuti di lettura, il supporto cartaceo permette di avere in unica edizione l'insieme di alcuni scritti, selezionati solo apparentemente in modo casuale. L'idea degli autori è in realtà quella di far compiere al lettore una sorta di viaggio, fornendogli un piccolo aiuto per navigare nel mondo complesso che ci circonda, alternando quindi articoli più "tosti" a quelli più leggeri.

Perdonateci l'eccesso di ego, ma in questa prima antologia abbiamo pensato di condividere una piccola parte della nostra storia, vi promettiamo che nelle prossime pubblicazioni parleremo meno di noi e più degli argomenti trattati.

Buona lettura!

ANTOLOGIA DE IL CIBERNETICO I

SMART WORKING DURANTE L'EPIDEMIA COVID-19, OPPORTUNITÀ O ENNESIMO FALLIMENTO ITALIANO?

L'epidemia di COVID-19 ha dato al via una delle più grandi sperimentazioni di Smart Working di sempre, sapremo coglierne l'opportunità o no?

L'epidemia di COVID-19, che si sta espandendo in tutto il mondo, ha reso necessarie delle drastiche contromisure da parte del governo italiano. Con i decreti del 8 e del 11 marzo (#Iorestoacasa) si è dato avvio alla progressiva chiusura del paese, a incominciare dalla Lombardia; la regione che è stata colpita in modo più violento è anche quella più produttiva, pertanto gli effetti dell'epidemia stanno facendo sentire il loro peso sull'economia nazionale.

I due decreti citati tuttavia hanno dato alle aziende la possibilità di mettere alla prova il funzionamento del cosiddetto "lavoro agile", definito dal governo come:

> «*una modalità di esecuzione del rapporto di lavoro subordinato stabilita mediante accordo tra le parti, anche con forme di organizzazione per fasi, cicli e obiettivi e senza precisi vincoli di orario o di luogo di lavoro, con il possibile utilizzo di strumenti tecnologici per lo svolgimento dell'attività lavorativa.*»

Sebbene siano concetti spesso assimilati, occorre fare una distinzione tra lavoro agile propriamente detto (*smart working*) e telelavoro: nel primo caso infatti si lavora per obiettivi con la massima flessibilità oraria, mentre nel secondo si è vincolati al rispetto di un'orario d'ufficio, che può essere più o meno flessibile. Nella maggior parte dei casi, quello che abbiamo visto praticare in questi giorni è stato il telelavoro, ossia lo svolgimento del lavoro nel normale orario d'ufficio con le sole differenze del luogo da cui si lavora e delle modalità di comunicazione.

In questo articolo parleremo del lavoro a distanza e del suo impatto sulla vita del lavoratore nonché sulla stessa attività produttiva. Bisogna premettere una cosa: per gran parte delle aziende italiane ed estere, il lavoro da casa non era stato pensato come uno strumento "di salvezza", da utilizzare in periodi di emergenza. Sebbene infatti vi fossero dei *business recovery plan* già pronti sulla carta, pochi di questi erano realmente in grado di funzionare allo scattare dell'emergenza. Questo ci porta a un'amara considerazione sulla fragilità della nostra economia, nella quale il verificarsi di un evento casuale e imprevedibile può portare a una grave crisi, col successivo impoverimento di molte persone.

Nel cercare di far fronte alla situazione, le aziende che già praticavano il lavoro a distanza con frequenza di uno/due giorni alla settimana, lo hanno esteso a tutta la settimana per il maggior numero possibile di dipendenti, mettendo a dura prova i loro server. Altre aziende si sono attrezzate in tutta fretta, e nel complesso si può dire che gli aggiornamenti tecnologici fatti in queste settimane per rendere possibile il lavoro in remoto hanno superato quelli fatti nel corso di tutto l'anno passato. C'è stata una vera e propria corsa all'acquisto di attrezzature informatiche da fornire ai dipendenti per operare da casa, e in certi casi l'emergenza ha spinto i datori di lavoro a chiedere ai lavoratori la disponibilità a utilizzare i loro computer personali.

A distanza di qualche settimana dall'avvio di questa fase "sperimentale", abbiamo provato a elencare i pro e i contro che sono emersi in relazione a questo modo di lavorare.

PRO

- Miglioramento della qualità della vita dei lavoratori pendolari, che guadagnano del tempo extra da dedicare a se o alla famiglia, tempo che normalmente sarebbe stato impiegato per gli spostamenti.
- Risparmio considerevole di tempo nei casi in cui si debba svolgere una commissione al di fuori dell'ufficio.
- Il canonico orario d'ufficio rimane valido per il telelavoro, ma nella metodologia di lavoro

agile viene stravolto e si lavora per obiettivi.
- Per quanto riguarda le aziende, riduzione delle spese di mantenimento degli uffici ed eventuali rimborsi assegnati ai dipendenti per spostamenti e pasti.

CONTRO

- Sebbene una piccola parte di datori di lavoro siano bendisposti ad attivare politiche di *smart working* e/o telelavoro, è ancora presente una barriera psicologica dei dipendenti, che non sono sufficientemente preparati a lavorare in questo modo.
- I datori di lavori non sono sempre favorevoli, soprattutto in Italia permane la smania di controllo e un certo atteggiamento da parte del capo, che si sente glorificato dal fatto di avere tutt'attorno i sottoposti; a tal proposito vorrei citare una scena a cui ho assistito personalmente, che è di per se emblematica: mi trovavo a pranzo col titolare di un'azienda (presso la quale ero consulente) e i suoi dipendenti. Il titolare, senza nascondere un certo orgoglio, a un certo punto esclamò: "Oggi siamo qui in 20, mi sento Marchionne"...
- Potrebbe essere difficile misurare le attività su lunghi periodi, specialmente quando le procedure non sono chiare e collaudate.

- Limiti tecnologici per i meeting di gruppo; l'Italia da questo punto di vista soffre ancora molto il *digital divide*, e la mancanza di organizzazione e regole stabilite dall'inizio non fa ottenere i risultati sperati in termini di produttività (spesso ci si perde in chiacchiere da bar, soprattutto di questi tempi).
- L'utilizzo di dispositivi personali nel lavoro a distanza rischia di essere più controproducente che altro, lo dimostra l'aumento degli attacchi informatici in Italia durante questo periodo (approfondimento su Il Sole 24 Ore)
- Non sempre si ha a disposizione uno spazio in casa da dedicare al lavoro.

Un sondaggio di SWG prova a raccontarci come stanno vivendo la nuova situazione lavorativa i dipendenti; la lettura di questo sondaggio andrebbe fatta tenendo in considerazione sia il momento particolare che stiamo vivendo, sia una eventuale barriera psicologica dei lavoratori, in quanto non è possibile pensare di attivare in modo efficiente la metodologia di lavoro remoto senza un'adeguata preparazione.

Fra i possibili aspetti negativi non va infine sottovalutato il livello di contromisure adottate dalle aziende in tema di cyber security: proprio in questi giorni di emergenza sanitaria con l'incremento di collegamenti telematici sono aumentate le attività illecite, rese più facili dove la connessione avviene tramite l'utilizzo dei dispositivi personali dei dipendenti, maggiormente vulnerabili agli attacchi degli *hacker*. A tal proposito si rimanda alle opinioni di Stefano Mele, avvocato esperto in cyber security e Nunzia Ciardi, direttore del Servizio di Polizia postale e delle Comunicazioni, in un intervista di Radio 24.

Rimangono ulteriori questioni riguardo ai possibili cambiamenti sociali e ambientali dovuti al lavoro da casa, per le quali non si hanno ad oggi risposte:

- Non è ancora presente uno studio affidabile sulla questione inquinamento. C'è una riduzione o aumento? Se è vero che meno automobili si spostano tra le città, che impatto può avere il maggiore utilizzo degli impianti di riscaldamento o di climatizzazione nelle abitazioni?
- C'è una diminuzione delle relazioni sociali? Venendo meno i momenti di socialità quali i pranzi e le pause con i colleghi, bisognerà forse bilanciare la quantità di giornate svolte da remoto e da ufficio? (per ora #RestateaCasa)
- Il numero di pause dai terminali dovrebbe essere uguale a quello che si applica in ufficio, quindi almeno una pausa di 15 minuti ogni 2 ore di lavoro e la canonica ora di pausa pranzo. Lavorando da casa queste vengono rispettate

allo stesso modo?
- Come vestirsi durante le ore lavorative da casa? Anche se spesso si preferisce la massima comodità, coloro che devono svolgere videochiamate con colleghi o clienti dovrebbero cercare di avere un aspetto curato. Ma in generale seguire alcune "ritualità" (come può essere il cambiarsi d'abito prima di incominciare a lavorare), potrebbe avere un certo impatto sullo svolgimento del lavoro stesso?

Insomma, come si è visto nelle prime settimane di sperimentazione, i "contro" superano i "pro", al netto delle questioni rimaste aperte. È lecito quindi domandarsi se una volta finito questo triste periodo torneremo tutti alla vita di prima o sarà cambiato qualcosa nel nostro modo di lavorare. Se così non fosse sarà stata l'ennesima occasione sprecata per il nostro paese, dove finora lo *smart working* era considerata una cosa moderna e di tendenza, da fare nelle nostre aziende solo per imitare gli americani. Ci dobbiamo piuttosto augurare che si faccia tesoro di questa esperienza, e che nei prossimi anni si consideri il lavoro in remoto come uno strumento essenziale per garantire la continuità produttiva quando non è possibile la presenza in sede del lavoratore. Andrebbero di pari passo aggiornate le attuali normative sul lavoro, che non tengono conto di molte delle situazioni tipiche di questo genere di attività.

Speriamo che questa nostra riflessione possa aiutarvi ad avere le idee più chiare sull'argomento oppure, perché no, serva a qualcuno come punto di partenza per rivoluzionare la propria attività.

Di Marco Costantino

Fonti:
https://www.diritto24.ilsole24ore.com/art/avvocatoAffari/newsStudiLegaliEOrdini/2020-03-12/i-cybercrime-tempi-covid-19-attacchi-hacker-e-come-difendersi-175933.php

https://www.radio24.ilsole24ore.com/programmi/luogo-lontano/puntata/puntata-17-marzo-2020-170303-ADSQ5zD

PAROLE CONTROVERSE: L'EFFETTO GARCIA

Cosa ci fa percepire odori, sapori o persone come nauseabondi, sgradevoli od odiosi? Il connubio tra psicologia e linguistica quale motivazione dell'antipatia.

"È sulle simpatie e antipatie che la ragione ha perduto i suoi diritti."
(Cristina di Svezia)

Cos'è che definisce il "fastidio"? Cosa ci fa percepire odori, sapori o persone come nauseabondi, sgradevoli od odiosi? Ed ancora, **cosa scatta nella nostra mente che definisce ciò che ci piace da quello che, invece, detestiamo?**

Il valore delle nostre preferenze spesso si basa sull'esperienza, su quel tipo di propedeutica della mente che ci offre il paradigma delle nostre inclinazioni e che, in maniera non del tutto conscia, stabilisce chi o cosa ci piace o non ci piace. **Per farla semplice:** il cervello memorizza le nostre informazioni dall'ambiente, le elabora ed esercita su di esse un controllo.

Questo corrisponde al primo assioma del cognitivismo, quella sottobranca della psicologia che si occupa proprio di **esaminare e studiare i delicati meccanismi mentali** che soggiacciono al comportamento di qualsiasi organismo, ne **determinano il comportamento** e ne motivano le azioni. **Cogito ergo sum**, la massima cartesiana, qui, si sposa alla perfezione con le matrici cognitive che prescrivono i processi non visibili alla base delle azioni e delle interazioni (sociali ed ambientali).

Si inserisce qui il più che noto **concetto psicologico dello stimolo-risposta** di matrice pavloviana: **uno stimolo neutro** (verbale, pragmatico, naturale e così via) al quale dapprincipio non si attribuisce alcun significato o correlazione, **può assumere una connotazione del tutto diversa,** fungendo da segnale anticipatorio (o di attesa) di un evento susseguente. In questo modo, in futuro, la "risposta" a quell'evento viene predetta dalla comparsa dello stimolo in questione (anche quando l'evento viene disatteso).

Un **esempio** molto semplice lo possiamo estrarre dalla sociologia dei processi culturali. Quando vado al ristorante io mi aspetto che il cameriere mi saluti e mi accompagni al tavolo. Se lui disattende la mia aspettativa, resto spiazzato, non so che fare e, guardandomi intorno, inizio a spazientirmi ed irritarmi. Motivo per cui giuro a me stesso di non mettere mai più piede in quel locale perché da quel preciso momento smette di piacermi e diventa "antipatico".

Ed è in questa particolare atmosfera di "fastidio" che fa capolino quel processo psicologico chiamato "effetto Garcia": un particolare **processo di repulsione** attivato dalla memoria associativa (con sede nell'amigdala e nell'ippocampo) che, in conseguenza di un avvenimento spiacevole collegato a un particolare alimento o bevanda, attiva uno stimolo negativo di "protezione" futuro, il quale instaura un'immediata avversione per il sapore, o anche solo per l'odore di quei cibi. Si crea subito un'associazione tra lo stato di malessere conseguente all'assunzione passata dell'alimento e il suo stesso sapore, impedendo che in futuro lo si ingerisca di nuovo.

In altre parole: ti è mai capitato di smettere di colpo a bere o mangiare qualcosa perché anche solo sentirne l'odore ti provocava una sensazione sgradevole e di disgusto? Si? Allora hai fatto esperienza dell'effetto Garcia.

Ma c'è di più. L'effetto Garcia, proprio perché naviga i perigliosi meandri della psiche, trascende la sua stessa origine per andare ad insinuarsi anche in quegli aspetti linguistico-sociali per i quali, in prima istanza, non era stato associato. Va, per esempio, a collegarsi alle parole, **stringendo un patto mefistofelico con i nomi di persona**, insinuandosi sulla nostra futura percezione di considerare una nuova conoscenza come simpatica/antipatica al solo pronunciare il suo nome.

Se in passato un "Luigi" si è reso protagonista di un'azione riprovevole nei nostri riguardi, il nostro cervello memorizzerà inconsciamente quel nome, associandolo in maniera del tutto consequenziale a qualcosa di negativo. **L'affiliazione così creata non si manifesterà in modo palese** fino a quando un nuovo "Luigi", del tutto innocente e ignaro delle macchinazioni della nostra psiche, si affaccerà sul nostro percorso e farà scattare un'automatica percezione di "qualcosa che non va", con conseguente antipatia a pelle nei confronti del nuovo conosciuto.

Le rappresentazioni psico-linguistiche così formate tentano di codificare l'intricato meccanismo soggiacente alla comunicazione, all'interpretazione ed infine alla relazione con l'Altro. **La complessità di quest'architettura semantica suggerisce che la memoria**, facendo parte di un meccanismo sia intra- sia extralinguistico, **risponde soprattutto a processi di natura arbitraria** correlati profondamente all'esperienza personale.

L'unanimità esiste solo in teoria.

Di Ilaria Maria Villari

Fonti:
https://www.dnbm.univr.it/documenti/OccorrenzaIns/matdid/matdid285269.pdf

MORPHEUS, IL PROCESSORE A PROVA DI MALWARE

L'agenzia di sicurezza statunitense DARPA (Defense Advanced Research Projects Agency) ha ideato un programma denominato Security Integrated Through Hardware and firmware (SSITH), volto a sviluppare processori immuni al software malevolo. Cinquecentottanta ricercatori di cybersecurity hanno impiegato 13.000 ore tentando di violare cinque processori, appositamente progettati per resistere ad attacchi informatici.

Durante i test sono state individuate dieci situazioni di vulnerabilità. L'unico processore a rivelarsi immune a tutte è stato **Morpheus,** basato su architettura open source RISC-V e prodotto da un team di ricercatori dell'Università del Michigan, guidati dal professor *Todd Austin*.

Da una esaustiva intervista concessa alla rivista scientifica *Spectrum* (edita dall'istituto IEEE), emergono le interessanti potenzialità di una tecnologia in grado di aumentare la **sicurezza** e la **privacy** delle informazioni quotidianamente trattate dai nostri dispositivi elettronici.

La forza della CPU **Morpheus** è quella di rendere praticamente impossibile, *almeno per il momento*, lo sfruttamento delle vulnerabilità (bug ed errori di programmazione) e la violazione dell'intero sistema. Durante l'intervista il professor Austin spiega di essere riuscito a ottenere questi risultati utilizzando *"semplicemente"* la crittografia:

> Todd Austin: Il modo in cui lo facciamo è in realtà molto semplice: Ci limitiamo a criptare le cose. Prendiamo i puntatori - riferimenti a posizioni in memoria - e li criptiamo. Questo mette 128 bit di casualità nei nostri puntatori. Ora, se vuoi capire i puntatori, devi risolvere questo problema.
>
> Spectrum: Criptare il puntatore nasconde la semantica non definita?
>
> Todd Austin: Sì. Quando si cripta un puntatore, si cambia il modo in cui i puntatori sono rappresentati; si cambia il layout dello spazio degli indirizzi dalla prospettiva dell'attaccante; si cambia il significato di aggiungere un valore ad un puntatore. Il meccanismo chiave che sotto il cofano questa macchina cambi e cambi e cambi e non sia mai più la stessa. È crittografia, solo semplice crittografia.
>
> Spectrum: Cosa sta facendo la crittografia?

Todd Austin: Usiamo un cifrario chiamato Simon. Non è un cifrario popolare, ma è molto veloce inhardware. Ecco perché l'abbiamo scelto.

Spectrum: Questa crittografia avviene ogni 100 millisecondi. Perché questa velocità in particolare?

Todd Austin: Ha a che fare con un tipo di attacco chiamato side channels. I side channels sono fondamentalmente il lavoro di investigazione di un attaccante. Se si cerca di nascondere un pezzo di informazione - come dove una funzione è tenuta in memoria o qual è il valore di una particolare variabile - gli attaccanti manipoleranno fondamentalmente il programma per vedere se c'è qualche tipo di residuo, in termini di tempo del programma o la reattività del programma. Questo rivela informazioni sui segreti che sono all'interno del programma. Quindi, se noi randomizzassimo - usassimo la crittografia sui puntatori e sul codice e tutto il resto - e lo facessimo una sola volta, qualsiasi attaccante molto abile sarebbe in grado di fare il reverse engineering di tutte le informazioni in poche ore. Quindi ciò che la ricrittografia - noi la chiamiamo churn - fa è porre un limite di tempo su questa canalizzazione laterale. Rendere quel limite di tempo più veloce fa due cose: Fa sì che l'attaccante lavori più velocemente, e fa sì che l'attaccante debba essere [fisicamente] più vicino. [...]

La CPU dell'Università del Michigan è stata studiata per eliminare radicalmente gli attacchi informatici denominati **RCE (Remote Code Execution)**, i quali permettono l'esecuzione di codice malevolo inoculato da remoto. Il tutto avviene senza dover indurre l'utente a compiere azioni; il codice viene inserito nella macchina ad insaputa dell'utilizzatore il quale difficilmente si accorgerà di essere vittima di un attacco informatico.

Attualmente le prestazioni della CPU Morpheus sono del 10% piu lente rispetto alla media e i costi ancora troppo alti. I ricercatori stimano che una commercializzazione da parte di aziende come Intel, AMD e ARM aiuterebbe a ridurre drasticamente i costi e a migliorare le prestazioni.

Lo sviluppo di tecnologie hardware orientate alla privacy è di fondamentale importanza, perchè queste potrebbero, ad esempio, implementare efficacemente la crittografia omomorfica, calcolando dati crittografati senza decifrarli.

Un ulteriore passaggio dell'intervista a Todd Austin ci aiuta a comprendere i campi di applicazione di questa tecnologia:

> Todd Austin: Intel, Microsoft e DARPA hanno recentemente iniziato un grande progetto per produrre un processore capace di un efficiente calcolo omomorfico. Usando l'homomorphic computing, puoi darmi il tuo genoma criptato e io posso calcolare quale profilo di malattia hai e darti i risultati. Ma non posso vedere il tuo profilo di malattia perché i risultati sono criptati. Se la sicurezza arriva a quel livello, allora c'è un valore aggiunto. L'idea che tu possa avere qualcuno che elabora i tuoi dati senza la possibilità di vederli è molto interessante.

I lettori più curiosi e appassionati di programmazione troveranno all'interno dell'articolo completo parecchie informazioni tecniche, saziando così la fame di sapere che da sempre caratterizza i migliori informatici.

Di Edoardo Ferri

Fonti:
https://spectrum.ieee.org/tech-talk/semiconductors/processors/morpheus-turns-a-cpu-into-a-rubiks-cube-to-defeat-hackers

LA STORIA DELLE CRIPTOVALUTE DAL 1983 AL 2007, DAI CYPHERPUNKS ALLE ISTITUZIONI

Nel 1982 David Chaum, pubblica un paper in cui parla della possibilità di far funzionare un sistema di pagamento anonimo usando la crittografia.

Come ormai noto, il white paper di Bitcoin viene reso pubblico nella seconda metà del 2008, anno dal quale hanno avuto inizio le criptovalute come le conosciamo oggi.
Facciamo un "piccolo" passo indietro di circa 30 anni per capire meglio come si è arrivati a Bitcoin e a tutto quello che oggi gira intorno ad esso.

Nel 1982 David Chaum, pubblica un paper in cui parla della possibilità di far funzionare un sistema di pagamento anonimo usando la crittografia:

BLIND SIGNATURES FOR UNTRACEABLE PAYMENTS
Questo estratto che arriva ai nostri giorni dal lontano 1983 (wikidata)

Le idee espresse da Chaum sulla crittografia saranno alla base della visione del movimento Cypherpunk, del parleremo in modo più dettagliato prossimamente.

Chaum decide di mettere in pratica le le sue idee nel

1990, fondando DigiCash Inc.: gli utenti potevano concludere transazioni usando un software proprietario che permetteva di "prelevare" moneta da una banca attraverso l'uso di chiavi crittografiche; questo consentiva di inviare pagamenti anche ad altri utenti.

Di fatto, DigiCash è stata una delle prime compagnie sostenitrici della crittografia a chiave pubblica e privata, lo stesso principio di base utilizzato oggi dalle criptovalute.

Secondo un profilo redatto da CoinDesk, il progetto DigiCash di Chaum "è arrivato ad un passo dal raggiungimento di un livello globale di successo". Tuttavia, alla fine non è riuscito a far crescere la propria base di utenti a dimensioni sufficienti per supportare le sue operazioni.

Un ostacolo al potenziale successo di DigiCash è stato il fatto che una serie di potenziali accordi con banche e società di carte di credito siano andati a vuoto. Se DigiCash fosse riuscito a garantire una partnership con uno o più importanti istituti finanziari, avrebbe avuto maggiori probabilità di sopravvivere nel mondo finanziario in rapida digitalizzazione. Solo una banca degli Stati Uniti, la Mark Twain Bank, usò DigiCash come sistema per micro pagamenti tra il 1995 e il 1998.

Infatti, nel 1998, DigiCash dichiara fallimento e tutti i suoi asset vengono acquisiti da eCash Technologies;

nel 2002 eCash Technologies viene acquisita a sua volta da InfoSpace (ora Blucora, provider di servizi internet), spegnendosi nel corso degli anni fino a che Due Inc. ne acquisisce il marchio nel 2016

Sebbene DigiCash avesse compiuto il primo passo, ancora non bastava; le transazioni erano anonime e digitali, ma richiedevano comunque il passaggio attraverso DigiCash stessa ed una banca, il che non rientrava nel concetto di decentralizzazione delle transazioni voluto dal creatore di Bitcoin vent'anni più tardi.

Quindi nello stesso anno in cui DigiCash fallisce, un laureato della Washington University di nome Wei Dai pubblica un paper che descrive una nuova moneta (B-Money), "anonima, distribuita e decentralizzata".

B-Money però rimase soltanto un'idea; col senno di poi, potremmo definire Bitcoin come l'implementazione pratica di quanto descritto in quel paper.

Ci sono abbastanza punti in comune da far credere che sia Dai la persona dietro allo pseudonimo di Satoshi Nakamoto?

Wei Dai ha contribuito moltissimo al mondo delle criptovalute, tanto che il suo lavoro venne citato nel white paper di Bitcoin; inoltre proprio il suo nome venne scelto per l'unità più piccola di Ethereum (1 Ether = 1,000,000,000,000,000,000 Wei)

Volendo fare un passo in avanti, avvicinandoci alle criptovalute come le conosciamo oggi, sempre nel 1998 Nick Szabo propone la sua versione di valuta digitale: Bit Gold.

Partendo dal presupposto che l'oro fisico ha due grandi problemi, la dimensione e la sicurezza dello stoccaggio, pensa a come riprodurne una versione digitale.
Viene richiesto del lavoro da parte dei "miner" per generarlo, la sua quantità dev'essere limitata e non dev'essere soggetta al controllo di un'autorità centrale. Questa versione digitale dell'oro è quanto di più vicino ci sia all'implementazione finale di Bitcoin.

C'è tuttavia un pericolo importante che può verificarsi nel mondo della finanza digitale, e dal quale quella tradizionale è immune (almeno in teoria): la doppia spesa.
Una volta creati i dati delle transazioni, questi potrebbero essere riprodotti con un semplice copia e incolla dando origine a truffe; la maggior parte delle valute digitali risolve il problema affidando il controllo ad un'autorità centrale che tiene traccia del saldo di ciascun conto.
Questo era però inaccettabile per Szabo, che oggi afferma: "Stavo cercando di imitare il più fedelmente possibile le caratteristiche di sicurezza e fiducia dell'oro, e soprattutto, non dipendere da un'autorità centrale." Bitgold rimase solo una proposta e non

venne mai implementato.

E oggi? Cosa ne pensano le istituzioni? Leggi l'articolo sulle regolamentazioni in Europa

NOTA DELL'AUTORE

Altre valute digitali sono state create in questi decenni; sono state prese in considerazione solo quelle che, a mio parere, descrivono meglio il percorso fatto dai pionieri della crittografia e della finanza digitale che ha portato alla creazione della prima criptovaluta con un impatto globale importante.

Di Marco Costantino

Fonti:
http://www.hit.bme.hu/~buttyan/courses/BMEVIHIM219/2009/Chaum.BlindSigForPayment.1982.PDF

https://www.chaum.com/ecash/

https://ilcibernetico.it/regolamentazioni-cosa-sta-succedendo-in-europa/

… ANTOLOGIA DE IL CIBERNETICO I

VIDEOGAMES: DAL 1947 AL 2020

Al giorno d'oggi si sà, i videogame sono diventati una delle forme d'arte più sviluppate e apprezzate, sia dai giovani che dai più grandi. Ormai ci sono sempre più fiere, tornei ed eventi vari che gravitano attorno al mondo del gaming, oltre che veri e propri lavori basati sui videogiochi. Anche alcuni dei colossi di internet, quali Youtube o Google, stanno dando sempre più spazio a questa realtà per via del suo rapido sviluppo e successo nel mondo.

Ma perché non fare un salto nel tempo per vedere come tutto ebbe inizio?

Naturalmente, per evitare di essere stucchevoli, non racconteremo ogni dettaglio ma ci limiteremo ai momenti più salienti, che hanno portato ad un reale cambiamento in ambito videoludico. Per i più curiosi lascerò i link di wikipedia per approfondire alcuni argomenti.

Il primo "gioco elettronico" risale al 1947; esso si basava su delle valvole termoelettriche che simulavano il lancio di un missile verso il bersaglio. Non esistendo ancora il concetto di grafica, all'altezza dei bersagli, venivano messe delle etichette su pellicola trasparente. Da lì a poco comparvero altri importanti giochi interattivi come *OXO* (1952), conosciuto anche come Tris, che voleva dimostrare l'interazione tra uomo e macchina e, qualche anno dopo, il famoso *Tennis for Two* (1958), simulazione di un campo da tennis, rimasto in mostra al Brookhaven National Laboratory di New York. Questi videogame erano stati realizzati per lo più a scopo dimostrativo, e non ne era stata prevista la vendita su larga scala al pubblico.

A cavallo degli anni '60 le cose iniziarono a cambiare: nel 1961 infatti alcuni studenti del MIT programmarono un gioco chiamato *Spacewar!* su un nuovo computer dell'epoca. Il gioco simulava una battaglia spaziale tra due astronavi capaci di lanciare missili, con tanto di corpi celesti come ulteriore elemento di disturbo. Il gioco fu presto incluso in tutti i nuovi pc, divenendo così il primo della storia ad essere largamente distribuito. Nel 1966 venne ideato il primo videogioco che poteva usufruire di un normale tv come periferica video; negli anni subito successivi vennero realizzati diversi altri giochi da collegare al televisore, che culmineranno poi nello sviluppo della Brown Box, la prima console della storia. La Brown Box verrà conosciuta e commercializzata col nome di Magnavox Odissey (anche se il suo rilascio sul mercato arriverà solo nel 1972). Verso la fine di questo decennio, esattamente nel 1969, venne ideato Unix; la nascita di questo sistema operativo si deve alla realizzazione di un videogame chiamato *Space*

Travel. Uno degli sviluppatori, Ken Thompson, dichiarò che il gioco inizialmente era stato sviluppato per girare su Multics (sistema operativo del 1964), ma che a causa della sua scarsa fruibilità non lo soddisfaceva a pieno. Decise così di convertirlo per un pc della serie PDP-7, utilizzando il codice assembly per realizzare parte del codice sorgente. Quest'ultimo fu quindi utilizzato come base per la realizzazione di UNIX, probabilmente l'unico caso di sistema operativo che nasce dal codice di un gioco e non viceversa.

Negli anni '70 abbiamo la nascita ufficiale della prima generazione di console, col rilascio sul mercato del Magnavox Odissey nel maggio del 1972, seguito tre mesi più tardi dalla prima versione dell'ATARI. Il primo gioco ad essere sviluppato per quest'ultimo fu *PONG* (1972), simulatore del gioco del ping pong; ATARI ne vendette quasi 20.000 cabinati. Successivamente, molti altri produttori di videogames seguirono la sua stessa strada, dando vita così all'era dei cabinati arcade. Con la diffusione dei videogames non tardarono ad arrivare anche i primi problemi con l'opinione pubblica: nel 1976 il gioco *Death Race* fece infatti parlare di sè per il gameplay violento. La critica verso questo aspetto dei videogames si riproporrà anche per altri titoli (ricordiamo, decenni più tardi, il caso di *Carmageddon*). Nel 1978 Taito con *Space Invaders* e ancora ATARI con *Asteroids* diedero inizio all'età dell'oro per il mondo dei videogames, che nel '79/80 finalmente approdano sugli schermi a colori (uno tra i primi giochi a colori fu il famoso *Pac-Man*).

Gli anni '80 segnano un traguardo davvero importante per l'industria videoludica: nascono sempre più tipologie di videogames, tra cui gli sparatutto (*Battlezone* 1980) e i simulatori di guida (*Pole Position* 1982). Neanche un improvviso crollo delle vendite di videogames (1983) riuscì a fermare la crescita di questa tecnologia; il mondo dei personal computer non resta indifferente, e molti videogames vengono resi disponibili per le nuove piattaforme informatiche di quegli anni: il Commodore 64, l'Amiga e i primi pc IBM. Sempre in quel decennio appaiono le console di terza generazione, con una vasta gamma di videogames a disposizione: il Nintendo Entertainment System (NES), col famosissimo *Super Mario Bros* (1985), contrapposto al Sega Master System, con il suo gioco più venduto *Alex Kidd* (1986).

Negli anni '90 queste console si evolvono nella quarta generazione, basata su sistemi a 16bit come il Sega Mega Drive ed il Super Nintendo. In questo decennio vedono la luce anche le prime console portatili, quali Game Boy e GameGear. Tra i titoli più apprezzati di quegli anni possiamo citare Dragon Quest e Zelda, che ancora oggi vantano milioni di appassionati. L'evoluzione tecnologica prosegue sempre più veloce, portando alla quinta generazione a metà degli anni 90, con la Playstation di Sony ed il Nintendo64, mentre già alla fine del decennio ci ritroveremo alla sesta generazione. Il colosso informatico Microsoft si lanciò nel mercato videoludico con la sua nuova console XBOX, per rivaleggiare con Playstation 2 e Nintendo Gamecube. Queste console avevano la possibilità di connettersi in rete tramite cavo lan ma non disponevano di funzioni per il multiplayer. Più che altro la connessione serviva per gli aggiornamenti di sistema e per navigare sul web, anche se meno efficacemente rispetto ai pc dell'epoca.

La settima generazione arrivò durante la seconda metà degli anni 2000. I leader del mercato restano gli stessi: Nintendo, con Nintendo DS e Nintendo WII (prima console ad utilizzare dei sensori di movimento invece del solito pad); Sony, con Playstation 3 e PSP (prima volta di Sony sul mercato delle console portatili) e Microsoft con XBOX 360. Questa è probabilmente la generazione dove la rivalità tra Playstation e XBOX comincia ad essere più accesa. Finalmente si vedono delle funzioni per il multiplayer e servizi in abbonamento che avvicinano le console sempre più ai pc.

L'ottava generazione di console (2013) è quella attuale, ed è anche quella che ha portato maggiori cambiamenti nel modo di intendere i videogames. Le console che la fanno da padrone sono Playstation 4 e

XBOX ONE. Ognuna delle due console ha dei punti di forza che l'altra non possiede:

- Microsoft ha reso possibile la retrocompatibilità dei giochi XBOX360 e XBOX (cosa molto apprezzata dai fan ovviamente);

- Sony, invece, ha puntato ad esclusive di maggior spessore (abbandonando la retrocompatibilità sperimentata con i primi modelli di PS3) e alla realtà virtuale attraverso PlayStation VR (commercializzato nel 2016).

Le copie digitali dei giochi sono sempre più frequenti e, grazie ai servizi in abbonamento delle rispettive console, è possibile scaricare "gratuitamente" ogni mese dei videogame (più o meno famosi); in tal modo, anche a chi non acquista spesso nuovi titoli può provarne di nuovi. Negli ultimi tempi si sono evoluti anche i servizi di streaming: rispettivamente, GamePass per XBOX ONE e PSNOW con Playstation 4. Questi servizi permettono di accedere e giocare ad un parco titoli vario senza aver bisogno di acquistare o scaricare nulla; col pagamento di un canone mensile è possibile giocare a tutto quello che è presente nel catalogo.

Solo nel 2016 viene presentata Nintendo Switch, primo esempio di console ibrida capace di passare da portatile a casalinga e viceversa; per questa console vi sono stati numerosi porting di videogame, più o meno recenti, nati per altre piattaforme. A livello di potenza la Switch è inferiore rispetto ai due principali competitor Sony e Microsoft, ma Nintendo è riuscita comunque a farsi strada in questo mercato grazie alla versatilità del suo prodotto.

Naturalmente si è ancora ben lontani da tutto quello che è il mondo del gaming su pc che, a parte le prime generazioni, è sempre stato nettamente avanti a livello di qualità. Per quanto riguarda le esclusive console/pc siamo a pari merito in quanto esistono tanti titoli che girano solo su console ma anche viceversa (giochi dello stile di Age of Empire si prestano molto di più ad essere giocati con mouse e tastiera).

Adesso, all'inizio di un nuovo decennio, la nona generazione è sempre più vicina, con le appena annunciate Playstation 5 e Xbox Series X. Viene lecito chiedersi quali saranno le novità che queste console porteranno nel mondo videoludico, per cercare di accaparrarsi la fetta di mercato più grande. *Scompariranno per sempre le copie fisiche dei veri giochi? La realtà virtuale sarà integrata già nelle versioni base delle console? E che impatto avrà? Quale sarà la prossima mossa di Nintendo per cercare di restare al passo?*

Di Giuseppe Principato

L'ERA DELLA GUERRA CIBERNETICA

La pervasività del dominio cibernetico ci costringe a ripensare ai confini e alla sovranità di uno Stato, la cybersfera è composta da flussi di informazioni che sotto forma di bit percorrono l'intero pianeta. Come delineare un confine?

La diffusione del concetto di spazio cibernetico sembra avere preso forma solamente negli ultimi anni. Data la natura delle tecnologie e delle scienze coinvolte nel processo di trasformazione digitale, risulta complesso diffondere la consapevolezza di una realtà ormai perfettamente integrata nella vita di tutti i giorni, al pari di: terra, mare, aria e spazio.

Potrebbe essere utile a far riflettere in merito ai temi trattati citare un caso avvenuto in tempi non sospetti, in piena Guerra Fredda: il caso dell'Hacker tedesco **Karl Kock**[1], morto tragicamente il 26 dicembre del 1989. Ripercorrendo le vicende del giovane hacker, originario di Hannover, possiamo intuire di come a fine anni '80 uno dei campi di battaglia condivisi da USA e Russia fu proprio quello che ora definiremmo uno *cyberspace* ante litteram. In fondo negli scenari bellici le informazioni hanno da sempre avuto un ruolo centrale, e già a quei tempi la diffusione di internet e dei computer permetteva di accedere a notizie che potevano essere utilizzate per trattare con i rispettivi servizi di sicurezza nazionali.

La rapida evoluzione delle tecnologie costringe gli attori istituzionali ad aggiornare sistematicamente le loro teorie; troviamo una descrizione attuale di cyberspazio nel dossier DI0162 della Camera dei Deputati[2]:

> Da un punto di vista ambientale lo spazio cibernetico si presenta come un **ambiente virtuale,** privo di confini fisici nel senso tradizionale del termine, **uno spazio indefinito** nel cui ambito non esiste divisione tra pubblico e privato, tra la sfera militare e civile. "Un ambiente in cui pressoché **tutto è duale** e dove tutto può essere preso dalla parte civile e portato verso la parte militare: sistemi operativi, *off the shelf, storage,* una serie di software che comandano sistemi anche di comando e controllo di tipo militare"

> In quanto dominio creato dall'uomo lo spazio cibernetico è, inoltre, in continua evoluzione e implementazione, in connessione con la rapidità e pressoché ininterrotta evoluzione delle tecnologie dell'informazione e della comunicazione *(information, and communication*

technology, ICT) grazie alle quali vengono erogati in misura crescente servizi essenziali per la collettività e strategici per il Paese.

A questo proposito la dottrina che da tempo si occupa del tema della sicurezza cibernetica invita a riflettere sulla **vastità dei settori** che nelle moderne società **si avvalgono dei servizi digitali**.

Non esiste "un settore in questo momento – anche molto lontano, come l'agricoltura o altri – che non si poggi pesantemente sul *cyber space*".

Servizi economici e finanziari, sistemi di comando e controllo militare, sistemi di fornitura di energia elettrica o acqua, l'assistenza sanitaria, le telecomunicazioni, dispositivi fisici con cui interagiamo giornalmente sono **controllati da sistemi informatici**.

La pervasività del dominio cibernetico ci invita a ripensare ai confini e alla sovranità di uno Stato, poiché la cyber-sfera è composta da flussi di informazioni che sotto forma di bit percorrono l'intero pianeta. Come delineare un confine? Come definire la sovranità? Interferire con le elezioni di una nazione per mezzo dei social media è da considerarsi un attentato alla sovranità?

Ne consegue che per ristabilire un equilibrio deve essere non solo ridefinito il ruolo delle nazioni, ma vanno anche pensate nuove tipologie di scenari di guerra; siamo ormai abituati a leggere sui principali quotidiani di come i conflitti si siano evoluti, così come le armi utilizzate: Stuxnet nel 2005 rischiò di far esplodere una centrale nucleare iraniana sabotando i sistemi SCADA.

Parte della riflessione, analizzando gli ultimi casi di minaccia cibernetica, dovrebbe essere indirizzata agli attori coinvolti nel conflitto. Mentre un tempo il primo obiettivo di un conflitto poteva essere la conquista fisica di un territorio per mezzo di soldati, oggi potrebbe essere colpire un'azienda, realtà ben diversa da un'organizzazione militare.

Caratteristica ulteriore dei contesti di guerra cibernetica risulta la difficile attribuzione della responsabilità dell'azione, proprio per la difficoltà di delineare i confini di una nazione: da dove è partito un attacco? Chi ne è il responsabile?

La possibilità di colpire restando anonimi rischia di aprire scenari di "guerra catalitica", con un soggetto terzo che scatena una guerra fra due contendenti attaccandoli entrambi e facendo si che questi si accusino fra loro.

Per comprendere quanto sia complessa la situazione, basti pensare alle molteplici strategie applicabili: una guerra indiretta, dove soggetti minori sono protetti da grandi potenze; o una guerra coperta caratterizzata da azioni non militari come destabilizzazione politica, sabotaggi e guerre economiche.

La sfida dei nuovi anni '20 consisterà nel tenere un costante approccio critico alle repentine evoluzioni tecnologiche e sopratutto osservarne le effettive ricadute sui cittadini.

Di Edoardo Ferri

Fonti:

[1] Digital Important Persons (S01 E01): Karl Koch di Giovanni Ziccardi https://ziccardi.ghost.io/digital-important-persons-s01-e01-karl-koch/

[2] Dominio cibernetico, nuove tecnologie e politiche di sicurezza e difesa cyber - Servizio Studi - Dipartimento Difesa Camera dei Deputati n.83 24/09/2019 http://documenti.camera.it/leg18/dossier/testi/DI0162.htm

Cyber war - La guerra prossima ventura 2019 edito da Mimesi di Aldo Giannuli, Alessandro Curioni

COSA STA SUCCEDENDO IN EUROPA

Il settore delle criptovalute sta ricevendo sempre più attenzione da parte di tutti i governi, vediamo cosa succede in Europa.

Il settore delle criptovalute sta ricevendo sempre più attenzione da parte di tutti i governi; sebbene già dalla fine degli anni '90 ci siano stati tentativi di creare un'economia decentralizzata come DigiCash, B-money o Bit Gold, abbiamo dovuto attendere il 2008 per vedere la nascita di Bitcoin, la criptovaluta che ha dato inizio ad una rivoluzione e ad un intero settore che si è sviluppato a cascata.

Proprio il 15 Settembre 2008 falliva la Lehman Brothers, un disastro preannunciato. I tempi erano maturi? Un mese dopo viene pubblicato il **white paper di Bitcoin**, in cui si parlava di un sistema peer to peer per trasferire denaro da A a B, senza alcun intermediario.

Oggi possiamo affermare che il **misterioso Satoshi** sia riuscito nel suo intento: di fatto la sua creatura e tutto il settore che vi si è creato intorno ha cambiato, e sta cambiando, tantissime vite.

Le ultime regolamentazioni in Europa

In questi 11 anni abbiamo assistito a tantissimi cambiamenti nel settore; partendo dall'anarchia delle origini, durante la quale le criptovalute sono state utilizzate anche per scopi illeciti, si è arrivati alla loro progressiva regolamentazione, nonché al **ban** messo in atto dai governi più autoritari.

In Europa si sente sempre più spesso parlare della regolamentazione di prodotti e servizi di finanza tecnologica da parte dei principali governi. L'ultima notizia in tal senso arriva dal quotidiano di economia e finanza tedesco Handelsblatt, che scrive:

"A partire dal 2020, le istituzioni finanziarie potranno offrire ai clienti servizi bancari online, [...] insieme a titoli classici come azioni e obbligazioni, nonché criptovalute."

Anche in Svizzera, nell'agosto 2019, le due società elvetiche **Seba Crypto AG** e **Sygnum** comunicano di aver ricevuto la licenza dall'organo di regolamentazione FINMA per l'emissione di asset digitali, vale a dire emettere e distribuire nuova moneta digitale.

Sul fronte Francese, l'AMF (autorità di regolamentazione finanziaria) ha rilasciato le linee guida (le potete trovare **qui**) per l'approvazione di initial coin offering (ICO) e ha quindi approvato la prima società di ICO in Francia, French-ICO, che ha sviluppato una piattaforma per il finanziamento di progetti interamente in cripto valute.

L'AMF spiega che, sebbene le società di ICO siano

considerate ancora legali in Francia, soltanto quelle che hanno ricevuto l'approvazione potranno vendere direttamente al pubblico francese.

Le criptovalute di stato

Le regolamentazioni di cui abbiamo parlato si riferiscono alle aziende private che vogliono emettere una propria valuta digitale o creare prodotti finanziari basati sul valore di Bitcoin, come futures, opzioni o swaps. Anche i governi però iniziano manifestare interesse verso il settore, con l'intenzione di emettere delle cripto valute di stato.

Il governatore della banca centrale francese, François Villeroy de Galhau, vuole infatti mettere a punto una Task Force interamente dedicata allo studio di una valuta digitale, opponendosi a **Libra**, perché considera troppo rischioso mettere nelle mani di una singola entità con una base di più di 2 miliardi di utenti questo tipo di potere economico.

Non ci resta quindi che monitorare l'evoluzione del settore, cercando di capire meglio quale futuro ci aspetterà dal 2020 in avanti.

Di Marco Costantino

Fonti:
https://www.amf-france.org/en_US/Acteurs-et-produits/Societes-cotees-et-operations-financieres/Offres-au-public-de-jetons-ICO/Liste-blanche?

INDIE E MOD: REALTÀ INDIPENDENTI

L'arte creativa dei videogames: Indie e MOD sempre più in crescita.

Il termine *Videogioco Indipendente* o *Indie* viene utilizzato per classificare i giochi sviluppati da un singolo o da un piccolo gruppo di persone che non dipendono da una grande *software house*.

La nascita di un videogioco segue due fasi ben precise: la produzione e la distribuzione. Questi due passaggi possono essere svolti dallo stesso soggetto, oppure un'azienda di software può produrre il videogame e farlo distribuire da terzi. Può naturalmente succedere anche il contrario: un'azienda commissiona lo sviluppo a terzi per poi occuparsi successivamente della distribuzione.

In questo ultimo caso però scadenze di lavoro ridotte e pressioni da parte del committente possono far sì che, pur di rispettare i termini, gli sviluppatori tirino fuori un prodotto non ottimale, o comunque diverso da quello che avevano in mente.

Il punto di forza dei giochi indie è proprio l'assenza di pressioni e scadenze, quindi gli sviluppatori possono dedicarsi senza nessuna fretta a realizzare il prodotto come meglio credono.

I primi giochi indie nascono per PC all'inizio degli

anni 90, ma finiscono subito per perdere l'attenzione del pubblico a causa della nascita dei videogame 3D; questi ultimi infatti portarono gli sviluppatori indie a dedicarsi principalmente alle modifiche di giochi già esistenti (le cosiddette *MOD*).

Verso la seconda metà degli anni 2000 gli indie, grazie anche allo sviluppo di internet e alla nascita di piattaforme per la distribuzione digitale, hanno un nuova rinascita; nascono infatti nuovi strumenti di sviluppo (Adobe Flash, Game Maker, RPG Maker e molti altri) che permettono sempre più facilmente di creare il proprio progetto senza essere dei programmatori esperti (in alcuni software non è necessario conoscere alcuna linea di codice).

Naturalmente arrivare ai livelli grafici degli standard odierni è quasi impossibile per un indie, in quanto le risorse economiche da investire nello sviluppo del comparto grafico sono limitate. Ecco perché questo tipi di prodotti punta su altri aspetti, che possono alle volte superare quelli dei giochi creati da una Software House:

- **La narrativa:** Avere una storia intrigante, con un filo logico ben definito, è la base di qualsiasi videogame che ne preveda una. Questo porta l'utente ad appassionarsi al prodotto a prescindere dalla resa grafica.

- **Meccaniche innovative:** l'utilizzo di meccaniche di

gioco mai viste, o la rivisitazione di quelle gia esistenti portano il prodotto ad avere una vera e propria identità personale. Quest può far si che il gioco venga conosciuto e ricordato proprio per il suo stile particolare. L'Indie più famoso al mondo (Minecraft) è diventato il maggior esponente del genere *SandBox* grazie al suo stile di gioco e alle meccaniche totalmente innovative, alle quali si sono ispirati tanti altri videogiochi.

- **Colonna sonora gradevole:** naturalmente uno studio Indie non sempre ha la possibilità di creare da zero il comparto sonoro del proprio prodotto. Fortunatamente al giorno d'oggi è possibile scaricare effetti sonori e tracce audio su siti specializzati, sia con licenze freeware che dietro pagamento di cifre molto modeste. L'importante è far sì che le varie musiche e gli effetti sonori non siano buttati a caso ma che appaiano in armonia con quello che stiamo vedendo a schermo.

Puntando su questi fattori non è assolutamente necessario avere una grafica di livello elevato. Se ci facciamo caso infatti la maggior parte dei giochi Indie utilizza volutamente una grafica retrò, perché è uno stile che conserva anche oggi il suo fascino e non va ad inficiare sulla qualità del prodotto.

Anche la commercializzazione del gioco non è più un problema, grazie alle varie piattaforme di distribuzione presenti sul web. Attualmente *Steam* è forse la più famosa per quanto riguarda i videogame per PC, mentre i vari Store (PlayStation, Microsoft, ecc..) lo sono per chi si dedica al mondo delle console.

Anche in ambito MOD si è avuto un grande sviluppo in questi ultimi anni, e molte software house mettono proprio a disposizione degli utenti dei *tool* che permettono di manipolare texture, modelli poligonali e codice sorgente. In tal modo gli appassionati di un determinato titolo possano sbizzarrirsi ad aggiungere o modificare vari elementi all'interno del gioco. Queste MOD vengono poi distribuite dagli stessi utenti in determinate piattaforme, per renderle accessibili a chi volesse farne uso.

Volendo prendere d'esempio *The Elder Scroll V: Skyrim* (2011) la community è talmente attiva nel campo delle MOD che ancora adesso, a quasi 10 anni di distanza, è possibile trovarne sempre di nuove e varie, portando così la rigiocabilità del titolo a livelli estremi.

In definitiva possiamo dire che, grazie alle tecnologie odierne, è possibile dar spazio alle proprie idee senza investire un patrimonio o avere un team numeroso. Con la passione e la dedizione chiunque può diventare uno sviluppatore provetto.

Di Giuseppe Principato

LA CRITTOGRAFIA A CHIAVE PUBBLICA, IL CONTRIBUTO DI JAMES H. ELLIS

La crittografia a chiave pubblica o *asimmetrica* consiste nell'utilizzo di una coppia di chiavi utilizzate da Bob per proteggere i contenuti di una comunicazione inviata ad Alice, elevando la sicurezza rispetto allo scambio di un'unica chiave di cifratura (cifratura *simmetrica*).

Le chiavi utilizzate nel procedimento prendono il nome di:

- Chiave **pubblica** utilizzata dal mittente per cifrare
- Chiave **privata** utilizzata dal destinatario per decifrare

La chiave pubblica deve venire distribuita da Alice per consentire a Bob di poter cifrare il contenuto di un messaggio, al contrario la chiave privata deve rimanere segreta per permettere **solo** ad Alice la decifratura.

Ad oggi la maggior parte dei sistemi di sicurezza utilizza la crittografia asimmetrica il cui funzionamento è basato sull'aritmetica dei moduli, un campo della matematica ricco di funzioni unidirezionali.

Una funzione unidirezionale consente di ottenere

facilmente il risultato, al contrario, tornare al numero di partenza risulta difficoltoso.

James H. Ellis, crittografo inglese prestò servizio presso il Government Communications Headquarters (GCHQ). La storia iniziò nel 1969 quando le forze armate britanniche cominciarono a preoccuparsi del problema della distribuzione sicura delle chiavi di cifratura, decisero di rivolgersi a uno dei più stimati crittografi governativi perché trovasse la soluzione.

Personaggio curioso e eccentrico Ellis sosteneva di aver girato mezzo mondo ancora prima di nascere, era stato concepito in Gran Bretagna ed era nato in Australia.

A scuola lo appassionarono sopratutto le materie scientifiche, conclusi gli studi di fisica all'Imperial College entrò nell'equipè di decrittazione della Post Office Research Station di Dolliss Hill, acquisita successivamente dal GCHQ.

Ellis ebbe l'obbligo del silenzio per tutta la sua carriera in quanto fu implicato in attività legate alla sicurezza nazionale. Era geniale ma imprevedibile, introverso e poco propenso al gioco di squadra, sicuramente al tempo il GCHQ fu in grado di integrare al meglio diverse personalità in modo da raggiungere ambiziosi obiettivi.

L'origine dell'invenzione di Ellis venne rievocata dallo stesso:

L'episodio che cambiò le mie opinioni in proposito fu la lettura di un vecchio rapporto della Bell Telephone, risalente al periodo bellico. Nel rapporto, l'ignoto autore descriveva un'idea ingegnosa per garantire la sicurezza delle conversazioni telefoniche. Egli proponeva che il destinatario mascherasse la comunicazione del mittente immettendo del rumore nella linea. In seguito avrebbe potuto filtrarlo, perché avendolo generato ne conosceva le caratteristiche. Alcuni inconvenienti pratici del sistema ne avevano sconsigliato l'adozione, ma esso possedeva proprietà interessanti. La differenza tra questo metodo e le codifiche tradizionali consiste nel fatto che il destinatario ha un ruolo attivo nella cifratura... Così nacque l'idea.

L'idea di Ellis era che Alice, la destinataria, generasse un rumore non casuale ma con caratteristiche da lei prescelte in modo che Bob potesse inviare un messaggio che solamente Alice avrebbe potuto:"ripulire" rendendo inefficace un'eventuale intercettazione da parte di Eva.

Tuttavia lo stesso Ellis si accorse che non sarebbe riuscito da solo a mettere in pratica la teoria, decise allora di informare i superiori, nei successivi tre anni i migliori cervelli del GCHQ cercarono una funzione che soddisfacesse i requisiti di Ellis.

Nel 1975 James Hellis, Clifford Cocks e Malcom Williamson avevano già scoperto gli aspetti fondamentali della crittografia a chiave pubblica. I tre studiosi britannici dovettero assistere in silenzio allo spettacolo di Diffie, Hellman, Merkle, Rivest, Shamir e Adleman.

Con la consapevolezza che chi aspira a pubblici riconoscimenti non sceglie questo campo di attività, come dichiarato dallo stesso Clifford Cocks a seguito di un intervista dei tempi.

Curioso fu l'episodio del Settembre 1982 quando Diffie volle verificare il fondamento delle voci che gli giunsero in merito al lavoro di Ellis, si recò con la moglie a Cheltenham per incontrarlo.

Mary, moglie di Diffie, colpita dalla notevole personalità di Ellis descrisse l'incontro:

> *Ci sedemmo a parlare, e d'un tratto mi resi conto di esser di fronte alla persona più gradevole che si possa immaginare. Non credo di poter esprimere un parere sulla profondità della sua cultura matematica, ma di certo egli era un vero gentiluomo, infinitamente modesto, una persona di estrema generosità e cortesia. Parlando di cortesia non mi riferisco a*

niente di artificioso o stantio. Quell'uomo era un cavaliere. Un uomo davvero retto, e di spirito gentile.

Diffie e Ellis passarono il tempo a parlare di svariati argomenti, dall'archeologia a come un topo nella botte possa migliorare il gusto del sidro, ma ogni volta che la conversazione verteva sulla crittografia diplomaticamente Ellis cambiava argomento.

Giunti alla fine della visita Diffie non resistette e gli chiese:" Può dirmi qualcosa su come avreste inventato la crittografia a chiave pubblica?" Dopo una lunga pausa Ellis rispose:"Beh, non so in che misura sono libero di parlarne. Mi consenta di dirle solo che voi avete concluso molto di più."

Di Edoardo Ferri

Fonti:

Codici e Segreti di Simon Singh — BUR Saggi

UPLAND: LA SOTTILE LINEA DI CONFINE TRA ECONOMIA VIRTUALE E REALE

L'applicazione su blockchain che permette di diventare broker immobiliari virtuali. Si tratta di un semplice gioco o creerà nuove opportunità?

Il panorama della blockchain e delle criptovalute collegate sta diventando sempre più vario. Da quando è nata Ethereum, grazie all'introduzione degli smart contract, è possibile la creazione di applicazioni che fanno uso di registri distribuiti per l'immagazzinamento o l'elaborazione di dati.

Quello di cui voglio parlare oggi è Upland: un "gioco" che permette di comprare e vendere virtualmente proprietà immobiliari, basato però sulla mappa del mondo reale. Facciamo un piccolo tour per apprendere le possibilità offerte da questa applicazione per poi analizzare alcuni aspetti tecnici interessanti.

La schermata principale che ci troveremo davanti ogni volta è una mappa di Google, con indicate le posizioni degli altri giocatori e delle proprietà. Ogni proprietà che troviamo nel gioco può appartenere già ad un giocatore, essere libera per l'acquisto oppure momentaneamente non disponibile.

Selezionando una proprietà possiamo compiere delle azioni: acquistare, vendere, posizionare in zona il nostro avatar, cercare l'indizio per un tesoro oppure aprire la visuale di Street View per vederla "dal vivo".

Lo scopo di questo gioco è di gestire le nostre proprietà, comprandole a prezzi bassi e rivendendole a prezzi più alti cercando di fare il miglior affare.

Riguardo le nostre proprietà, nel gioco sono presenti dei meccanismi (incasso dell'affitto e tassa di visita della proprietà) che ci fanno guadagnare crediti (denominati UPX) nel corso del tempo.

Quando un visitatore vuole avere informazioni sulla nostra proprietà, deve pagare la somma di UPX che riterremo opportuna per aver accesso a dettagli importanti, per esempio l'affitto che si incassa mensilmente oppure per effettuare la ricerca di un tesoro.

Già due volte ho nominato i tesori: questi vengono disseminati in maniera casuale nel gioco e si scatena la caccia tra tutti i giocatori. Chi riesce a trovarlo per primo vince la quantità di UPX che è stata nascosta. Queste sfide si svolgono per tutto l'arco della giornata.

In questo gioco non manca lo status di "cittadinanza" del giocatore, che diventa UPLANDER non appena ne acquisisce i diritti. Per essere "cittadino" un giocatore deve avere almeno 10.000 UPX (in proprietà e/o crediti)

La potenzialità che ci offre la blockchain è quella di avere un registro pubblico di tutte le transazioni effettuate nel gioco; quando si acquisisce lo stato di UPLANDER viene creato per noi un conto (wallet) sulla blockchain EOS e ci vengono date le chiavi private.

EOS.IO è un token di criptovaluta e blockchain che opera con una piattaforma di smart contract per il dispiegamento di applicazioni decentralizzate. La blockchain di EOS ha lo scopo di diventare un sistema operativo decentralizzato che supporta applicazioni di scala industriale decentralizzate con l'intento di rimuovere completamente le commissioni di transazione comuni a molte criptovalute.

Grazie a questo passaggio, gli sviluppatori di Upland stanno lavorando per far si che questo token possa essere scambiato con valute tradizionali, permettendo ad ogni utente di incassare euro, dollari o qualsivoglia valuta per i progressi fatti nel gioco.

Al momento è possibile acquistare la criptovaluta presente nel gioco attraverso gli acquisti in-app, come già avviene per la maggior parte dei giochi su piattaforme mobile.

Questo è l'indirizzo pubblico corrispondente all'account EOS che ci è stato creato dal gioco, possiamo vederne le transazioni sul registro distribuito tramite il blockchain explorer:

https://bloks.io/account/gltnmqhs3um3

Come si vede dallo storico, sono presenti tutte le transazioni effettuate ed il nostro bilancio nel gioco corrisponde al bilancio di questo portafoglio.

Se Upland riuscirà a compiere tutti i passi necessari per permettere di vendere questi token su piattaforme di scambio o attraverso l'applicazione, ci troveremo davanti ad un fenomeno che potrebbe aprire le porte ad una nuova economia libera, seppur virtuale.

Vuoi provare questa esperienza? Il gioco è disponibile sia su web che come applicazione mobile.

Di Marco Costantino

Fonti:

https://play.upland.me/signup

VIDEOGAME: IMPATTO NELLA SOCIETÀ ODIERNA

La società considera i videogame poco educativi e violenti, senza considerare che sono forme d'arte rivolte a determinati utenti.

I videogame istigano alla violenza? Il sistema PEGI funziona? Cosa ne pensa la società odierna al riguardo?

Già dalla loro comparsa i videogame hanno sempre fatto parlare una fetta di società, più o meno vasta, in maniera negativa. Ricordiamo casi celebri, quali Death Race e Carmageddon, che portarono la questione alla ribalta.

Da sempre si cerca di associare ai videogame non solo l'aspetto ludico ma anche quello educativo, soprattutto per i bambini e i ragazzi più piccoli, in quanto si ha la paura che un titolo possa non essere adatto a un determinato pubblico.

In risposta a questo problema, dal 2003 la maggioranza dei paesi europei adotta il **Pan European Game Information (PEGI)**, che è un sistema per classificare i videogame in base ai loro contenuti e alla fascia di età consigliata per giocarli.

Questo metodo consente di individuare attraverso una

serie di simboli standard la tipologia dei contenuti sensibili presenti nel titolo e l'età minima consigliata per giocarlo. Nonostante ciò, ci sono sempre degli scettici che considerano i videogame violenti e li accusano di istigare nei minorenni fenomeni come bullismo, rabbia, dipendenza e isolamento dalla vita sociale (come la sindrome Hikikomori). La stampa stessa molte volte ha attaccato il mondo videoludico definendolo violento e poco istruttivo.

Spesso però le cause di questi problemi sono da ricercare altrove, piuttosto che nei videogame o altre forme di intrattenimento, come ad esempio film o libri. Naturalmente per una mente fragile un titolo violento potrebbe indurre a comportamenti inappropriati, ma dovrebbe essere dovere di un genitore (o tutore) far sì che il proprio figlio acquisti titoli adeguati alla sua età, col contenuto che si ritiene più opportuno.

Sembra chiaro che il sistema PEGI svolge correttamente il suo dovere, ma se chi acquista un gioco non presta troppa attenzione a come è stato classificato, allora è probabile che questo finisca nelle mani di una persona che non solo non è adatta a giocarlo, ma potrebbe anche rimanere turbata dai contenuti presenti nell'opera.

Con questo non si vuole negare che vi siano videogame violenti e poco istruttivi; ci sono in effetti dei titoli che volutamente rispecchiano categorie ben particolari e sensibili, adatte a un pubblico più adulto che non dovrebbe farsi influenzare. Un esempio banale potrebbe essere dato da un film violento, magari non adatto ai ragazzi minori di 14 anni. Se lo vede un adulto, sa bene che è soltanto un film; un bambino sotto i 10 anni potrebbe invece recepirlo in maniera diversa e magari cercare di imitare quello che ha visto a scuola con i compagni. La stessa cosa vale anche per i videogame.

In ambito medico le opinioni non sono migliori: recentemente l'Organizzazione Mondiale della Sanità (OMS) ha riconosciuto ufficialmente la dipendenza dai videogame come una vera e propria patologia. Per chi fosse interessato vi lascio il link al documento aggiornato al 04/2019:

https://icd.who.int/browse11/l-m/en#/http:// id.who.int/icd/entity/1448597234

Ma è sempre stato così? Inizialmente i videogames erano nati come forma di intrattenimento collettivo; il loro sviluppo portò all'apertura di molte sale giochi dove bambini, ragazzi e adulti si divertivano passando del tempo insieme. Anche le prime console del resto furono sviluppate con la possibilità di giocare in compagnia dei propri amici sulla stessa TV. Con la nascita e la diffusione del gioco online, le cose andarono via via cambiando: adesso per giocare con gli amici non è infatti necessario trovarsi nello stesso posto insieme, basta un cavetto ethernet ed è possibile giocare anche se ci si trova dall'altra parte del mondo. Questo è sia un aspetto positivo che negativo, in quanto porta molte persone ad isolarsi.

Tirando le somme possiamo affermare che un'opera (sia essa un videogame, un film o anche un libro) ha una possibilità di influenzare l'individuo puramente soggettiva e non è possibile determinare con certezza se e come una persona sarà condizionata da quello che sta "vivendo".

Di Giuseppe Principato

L'INFORMAZIONE COME PILASTRO DELL'INGEGNERIA SOCIALE

L'OSINT (Open Source Intelligence), rappresentata nella parte più grande della piramide, è l'operazione che dovrebbe richiedere più tempo e che andrebbe effettuata all'inizio di ogni attacco di Ingegneria Sociale.

Per gli appassionati di sicurezza informatica, la leggenda del *Social Engineering* è inevitabilmente uno degli hacker più famosi al mondo: **Kevin David Mitnick**.

Arrestato per la prima volta nel 1988, dopo aver violato i sistemi della Digital Equipment Corporation (pionieristica azienda informatica statunitense), durante gli anni novanta Mitnick riuscì a introdursi in società sempre più grosse, **acquisendo informazioni riservate direttamente dal personale dipendente**. Questo gli procurò le attenzioni del FBI, e ne seguì una lunga caccia all'uomo; l'hacker riuscì più volte ad anticipare le mosse della polizia, intercettando le loro comunicazioni, ma infine venne arrestato e condannato a diversi anni di carcere, tornando libero solo nel 2003. Da allora iniziò l'attività di consulente, attraverso la società di sicurezza *Mitnick Security Consulting LLC*.

"Non l'ho fatto per soldi. L'ho fatto per

divertirmi." Kevin David Mitnick

La descrizione dei fatti e la storia di Mitnick sono state pubblicate in Italia da Feltrinelli principalmente in due libri: *"L'arte dell'Inganno"*[1] e *"Il fantasma nella rete: la vera storia dell'hacker più ricercato del mondo"*[2].

Potremmo riassumere la disciplina dell'ingegneria sociale come l'insieme delle tecniche atte a manipolare l'essere umano per indurlo a compiere un'azione che metta a repentaglio la sicurezza cibernetica. **In poche parole:"hackerare" le persone.**

L'esperto di *Social Engineering* Christopher Hadnagy, consulente di vari servizi di sicurezza (Pentagono, MI-5 e MI-6), divide la disciplina dell'ingegneria Sociale in cinque operazioni:

OSINT / Intelligence

- Sviluppo dei pretesti
- Attacco
- Lancio
- Report

In questo articolo introdurremo il primo punto: l'**OSINT / Intelligence**.

L'*OSINT (Open Source Intelligence)*, rappresentata nella parte più grande della piramide, è l'operazione che dovrebbe richiedere più tempo e che andrebbe effettuata all'inizio di ogni attacco di Ingegneria Sociale. L'**analisi delle fonti aperte**, o appunto OSINT, consiste nella raccolta di informazioni pubbliche sull'obiettivo.

Potrebbe sembrare un'operazione relativamente semplice: ci concentriamo in una ricerca approfondita di informazioni sul *target* e le immagazziniamo. In realtà non è così, poiché ogni informazione ha valore differente in base alla tipologia di attacco che stiamo cercando di sferrare.

Per rendere l'idea della quantità di informazioni presenti in internet prendiamo l'esempio del dato offerto dal sito worldewidewebsize.com, dove sono indicizzati circa 6 miliardi di siti web, esclusi quelli presenti nel *deep web* e nel *dark web*.

La consapevolezza della quantità di informazioni disponibili sul web aiuta l'ingegnere sociale a reperire le informazioni corrette e utilizzarle per profilare in modo efficace l'obiettivo, così da poter sviluppare una strategia d'attacco idonea al contesto in cui si troverà ad operare.

Hadnagy classifica le operazioni di Open Source Intelligence in due tipologie:

- OSINT Non tecnica
- OSINT Tecnica

OSINT Non-tecnica

Rientrano in questa categoria tutte le operazioni di analisi delle fonti aperte che **non** implicano un'interazione diretta tra l'ingegnere sociale e un computer; un esempio potrebbe essere osservare alle spalle qualcuno mentre sta usando il computer. Si tratta quindi di informazioni raccolte utilizzando le capacità di osservazione personali, le quali possono essere impiegate con successo ad esempio con una buona capacità di comunicare "faccia a faccia". Uno studio condotto nel 2015 da Emily Drago della Elon University *(The Effect of Technology on Face-to-Face Communication)[3]* ci invita a riflettere sul fatto che la qualità delle comunicazioni faccia a faccia è drasticamente calata a causa delle tecnologie. In questo scenario un buon esperto di social engineering concentrerà le sue forze per analizzare e colpire il *target*.

OSINT Tecnica

Dopo aver descritto l'OSINT Non tecnica risulta semplice al lettore intuire cosa rientri in questa tipologia di analisi: le operazioni di raccolta informazioni per mezzo di social media, motori di ricerca, internet e database in generale. Praticamente tutto ciò che riusciamo a reperire dalla rete con l'ausilio di determinate tecniche e software specifici. In questo caso non esistono regole universali e la quantità di strumenti disponibili permettono al professionista di costruirsi una propria cassetta degli attrezzi. Potrebbe essere di aiuto a chiunque voglia avvicinarsi a questa disciplina la consultazione del sito web inteltechniques.com curato dall'esperto di OSINT Michael Bazzell, oltre che provare alcune distribuzioni del sistema operativo Linux che integrano software sviluppati appositamente per le analisi OSINT:

- L'italiana Tsurgi Linux che troverete al seguente indirizzo: https://tsurugi-linux.org/
- La famosa distribuzione orientata alla sicurezza informatica Kali Linux: https://www.kali.org
- Buscador distibuzione Linux di Intel Techniques: https://inteltechniques.com/buscador/

Giunti a questo punto, un utente potrebbe chiedersi come ci si possa difendere dalla minaccia di attacchi OSINT; il controllo e il monitoraggio costante su ciò che esponiamo in rete è forse l'unica soluzione efficace. Configurare le impostazioni della privacy dei servizi web dovrebbe rientrare nell'ordinaria amministrazione di tutti. In aiuto alla salvaguardia della propria privacy vi invitiamo a fare un giro su:

- HaveIbeenPwned
- Talkwalk Alerts
- Google Alerts

Questi strumenti, correttamente configurati, aiutano a tenere sotto controllo cosa si dice di voi sul web, purtroppo solo su quello "in chiaro".

Nel prossimo articolo analizzeremo una delle tecniche studiate per profilare la comunicazione di un interlocutore in modo da poterne prevedere le azioni.

Di Edoardo Ferri

*Font*i:

[1] L'arte dell'inganno I consigli dell'hacker più famoso del mondo di Kevin Mitnick

[2] Il fantasma nella rete La vera storia dell'hacker più ricercato del mondo di William L. Simon, Kevin D. Mitnick

[3] The Effect of Technology on Face-to-Face Communication by Emily Drago

Human Hacking Influenzare e manipolare il comportamento umano con l'ingegneria sociale di Christopher Hadnagy ISBN: 9788850334827 edito da Apogeo

PROFILARE LA COMUNICAZIONE: SISTEMA DISC NEL SOCIAL ENGINEERING

Uno dei metodi utilizzati per profilare le persone è studiare il modo in cui comunicano e come si comportano in relazione agli altri, per capire in che modo si potrà ottenere la loro fiducia e perpetrare l'attacco.

Abbiamo affrontato nell'articolo precedente il concetto di OSINT (Open Source Intelligence); tratteremo ora del sistema DISC, utilizzato nel profilare un soggetto per aggiungere informazioni alla fase di OSINT non-tecnica e iniziare così le operazioni di:"**Sviluppo dei pretesti**".

Uno dei metodi utilizzati per profilare le persone è studiare il modo in cui comunicano e come si comportano in relazione agli altri, per capire in che modo si potrà ottenere la loro fiducia e perpetrare l'attacco; conoscere i modi in cui si può essere profilati è necessario per prevenire attacchi di ingegneria sociale.

Potrebbero bastare pochi secondi per carpire l'informazione necessaria a violare un sistema informatico, per questo motivo un potenziale attaccante investirà parte delle sue risorse nel tentare un approccio umano.

Il modo in cui questo viene effettuato è fondamentale per ottenere la fiducia di un soggetto, per esempio un dipendente chiave dell'azienda da colpire. Secondo Hadnagy i primi quattro pensieri che inconsciamente una persona formula all'avvicinarsi di uno sconosciuto sono:

- Chi sei?
- Che cosa vuoi?
- Sei una minaccia?
- Quanto ci vorrà?

Rispondendo a queste domande in modo adeguato entro i primi 10/15 secondi si è in grado di mettere l'interlocutore a proprio agio e abbassare le sue difese; questa operazione influenzerà pertanto l'intero corso dell'interazione umana. Chi cerca di violare dati sensibili ha la capacità di far rilassare l'interlocutore in modo da poter formulare delle specifiche richieste e studiarne il profilo di comunicazione.

Per poter prevenire situazioni critiche è necessario imparare a conoscere il proprio modo di comunicare; questo è possibile attraverso un test di autovalutazione denominato **DISC**, sviluppato da John Geier basandosi sul lavoro dello psicologo William Moulton Marston pubblicato nel 1928.

DISC è l'acronimo di:

- Dominance
- Influence
- Steadiness
- Compliance

Per poter inquadrare il proprio profilo, bisogna concentrarsi sugli aggettivi in grassetto nella rappresentazione grafica: **Outgoing** (Diretto, estroverso), **Reserved** (Indiretto, riservato) e **People Oriented** (orientato alle persone), **Task Oriented** (orientato al risultato).

Nel vostro stile di comunicazione siete più *diretti* o *indiretti*? Arrivate al punto rapidamente o prendete tempo?

Siete più orientati alle *persone* o al *risultato*? Nell'affrontare un lavoro vi concentrate più sullo *svolgerlo* o alle *persone* coinvolte?

Rispondendo onestamente alle domande individuerete il vostro profilo, ad esempio una persona diretta e orientata al risultato verrà inquadrata nel profilo **D** e avrà le caratteristiche descritte nel profilo Dominance.

Lo stesso sistema si può utilizzare per profilare rapidamente gli altri, per essere in grado di comunicare con loro in modo efficace.

Mettere in atto il sistema DISC necessita di sensibilità e capacità di osservazione, doti che possono essere allenate prestando attenzione ai comportamenti umani. Ci sono buoni esempi di profilazione della comunicazione avvenuti per mezzo di social media, senza aver intrattenuto quindi una relazione umana diretta.

Acquisire conoscenze nei sistemi di profilazione risulta importante non solo nella prevenzione di attacchi informatici ma anche nella lotta al crimine in generale. Il criminologo Massimo Picozzi, uno dei maggiori esperti di profilazione, in un passaggio del suo libro dal titolo "Profiler" descrive come un criminale può utilizzare l'ingegneria sociale per attaccare un'impresa:

> Immaginate che il predatore abbia nel mirino il dipendente di un'azienda, perché in possesso di notizie interessanti: prima studierà il sito web della ditta, dove troverà informazioni utili a sostenere il suo gioco: l'organigramma, chi fa cosa, la struttura, i rapporti tra le diverse divisioni e i diversi reparti, e ancora l'elenco delle consociate e dei clienti che hanno scelto di acquistare i prodotti dell'azienda, riconoscendone la qualità. A questo punto deciderà se vestire i panni di un collega appena assunto, un po' timido e disorientato, oppure presentarsi come l'impiegato di un'altra filiale, o un fornitore che vuole mandare a buon fine

una consegna, o un cliente che sostiene di aver ricevuto dalla concorrenza una proposta migliore.

Nella fase di **information gathering** confluiscono informazioni acquisite da operazioni di OSINT non-tecnica, dove la profilazione delle persone per mezzo di interazioni dirette gioca un ruolo cruciale, sempre più spesso ignorato a causa di una carenza d'attenzione alle relazioni umane. Un efficace addestramento alla manipolazione della comunicazione e alla prevenzione della stessa è di fondamentale aiuto ai professionisti che vogliono offrire consulenza nella disciplina dell'ingegneria sociale.

Di Edoardo Ferri

Fonti:

Profiler - Hai capito chi sono? di Massimo Picozzi ISBN: 9788868364014 edito da Pickwick

Human Hacking Influenzare e manipolare il comportamento umano con l'ingegneria sociale di Christopher Hadnagy ISBN: 9788850334827 edito da Apogeo

SATOSHI NAKAMOTO, IL TERRORISTA PIÙ RICERCATO AL MONDO, VIENE RAPITO E TORTURATO DALL'NSA

Questo titolo sembra quasi una provocazione, ma potrebbe essere invece l'inizio di una nuova rivoluzione.

Questo titolo sembra quasi una provocazione, ma potrebbe essere invece l'inizio di una nuova rivoluzione. Un po' come nel 2009 la nascita di Bitcoin dette una scossa al mondo della finanza, quest'anno potrebbe essere il turno del settore cinematografico. Per scoprire in che modo, facciamo prima un piccolo passo indietro.

Parlando di Bitcoin, di solito si discute del suo valore come investimento o di come sia un settore di nicchia dedicato a pochi eletti. Queste cose però sono solo la punta dell'iceberg, mentre quella parte che non è ancora diventata *mainstream* è la vera rivoluzione che sta guidando il settore.

Questa tecnologia ha provocato uno sconvolgimento nel settore finanziario, creando nuovi modi di investire e una nuova classe di milionari. Con il progressivo aumento del numero di investitori interessati alla nuova tecnologia e ai suoi vantaggi, ancora più denaro verrà immesso nel settore. Già in parte lo abbiamo visto nel boom delle ICO (offerte iniziali di monete), che sono un nuovo veicolo per raccogliere capitali utilizzando criptovalute; nel solo 2017 hanno raccolto un totale di 3,8 miliardi di dollari.

Gli effetti di questo cambiamento si stanno diffondendo ora in altri settori.

Dopo avervi raccontato come le criptovalute cercano di rivoluzionare il settore dei videogiochi, vediamo ora cosa succede nel mondo del cinema.

Satoshi Nakamoto, il terrorista più ricercato al mondo, viene rapito e torturato dall'NSA...

Questa è, in breve, la trama di un film indipendente prodotto in Gran Bretagna e in uscita quest'anno.

Il film si intitola "Decrypted" (vedi su IMDB) e sembra voler lanciare una provocazione: se venisse scoperto il rapimento e la tortura da parte dell' NSA di Satoshi Nakamoto (l'inventore di Bitcoin, considerato pericoloso per la sicurezza nazionale), cosa accadrebbe?

I Bitcoin in questo film hanno un ruolo fondamentale, non solo per via della trama, ma perchè la sua produzione è stata possibile grazie agli investimenti fatti in criptovalute.

Il film era in piena produzione quando è arrivata la pandemia di COVID-19, il produttore Phil Harris ha dichiarato in un'intervista a Cointelegraph:

> Abbiamo girato il 70 percento di questo film prima di dover interrompere a causa della crisi COVID-19. Quindi abbiamo preso questo 70% e ne stiamo facendo il montaggio. Io penso sia come produttore cinematografico, sia come appassionato delle criptovalute. E mi piacerebbe conoscere meglio il l'intero settore.

Dal momento che è stato finanziato tramite crypto, il film verrà reso disponibile attraverso le piattaforme video basate su questo genere di valuta. Harris assicura che si è cercato di rappresentare in modo realistico gli elementi che riguardano Bitcoin, dopo aver svolto numerose ricerche.

Lo sceneggiatore del film, Mick Sands, è un appassionato di crittografia. La minaccia che l'esistenza di Bitcoin rappresenta per il sistema statunitense è un punto di fascino per lui, soprattutto per come i servizi di sicurezza americani stanno cercando di smantellarlo o regolarlo, vedendolo come grave minaccia (abbiamo trattato in passato l'argomento regolamentazioni delle criptovalute in Europa).

L'obiettivo finale del produttore è quello di vendere i

diritti del film a una piattaforma importante come Netflix o Amazon Prime.

Non ci resta che attendere l'uscita del film, prevista per la fine dell'anno.

Di Marco Costantino

Fonti:

https://www.imdb.com/title/tt11763296/

IL FENOMENO "DREAMS"

Un "videogame per creare videogame", un trampolino di lancio verso il mondo dei game designer.

Il 14/02/2020 **Media Molecule** ha rilasciato ufficialmente **Dreams**, uno dei titoli più originali e innovativi dell'ottava generazione dei videogame.

Esclusiva PS4, Dreams ci mette in mano gli strumenti per creare i nostri personalissimi videogame, condividerli con gli altri utenti e valutarli. Non è il primo software a permettere questo; tra quelli che lo hanno anticipato, RPG Maker è uno dei più famosi: permette di creare la nostra avventura senza utilizzare, neanche una riga di codice. Ma non siamo qui per fare una recensione del prodotto, già valutato da molti altri siti; l'intento di questo pezzo è piuttosto parlare di alcuni risvolti positivi dovuti a Dreams.

Come si poteva immaginare, sono già tantissime le creazioni alla quali è possibile giocare; alcune sono dei veri capolavori, nati dal genio di una o più persone. Si sono creati infatti dei veri e propri gruppi per lavorare insieme a progetti originali o a reinterpretazioni dei giochi già conosciuti, quali Silent Hill, Mirror's Edge e Fallout 4 (per una lista dei giochi più votati dalla community cliccate pure su questo link).

Ma la cosa più interessante è che molti tra gli sviluppatori più talentuosi hanno ricevuto proposte di lavoro. Un esempio è quello di **Jimmyjules153**, autore del gioco Blade Gunner, che sulle pagine di **Escapist Magazine** ha confermato di essere stato contattato da una software house europea. Dreams si è dimostrato quindi un ottimo trampolino di lancio per aspiranti *game designer* che vogliono avere la possibilità di affacciarsi sul mondo dello sviluppo professionale di videogame.

Questo è un grosso punto di svolta nel mondo videoludico. Creare un software che permette di realizzare i propri videogame non è certo una novità, ma lo è il fatto che, a meno di due mesi dalla sua uscita, abbia già offerto tante opportunità. Possiamo quindi affermare che con Dreams la linea che divide gli sviluppatori dai giocatori non è mai stata così sottile.

Di Giuseppe Principato

Fonti:
https://www.eurogamer.it/articles/2021-02-22-dreams-i-migliori-giochi-visti-finora-articolo

https://www.escapistmagazine.com/v2/dreams-is-already-helping-to-foster-the-next-generation-of-game-devs/

PIUTTOSTO CHE USARE PIUTTOSTO CHE...

Se l'altro giorno hai chiesto a Mario: «Qual è il tuo frutto preferito?» e Mario ti ha risposto: «Non ho un frutto preferito, mi piacciono la mela **piuttosto che** la pera **piuttosto che** l'ananas» regalandoti un brivido di disgusto, sei nel posto giusto!

PIUTTOSTO CHE

Piuttosto che si usa correttamente davanti a proposizioni avversative e comparative e significa 'anziché', indica, cioè, una preferenza accordata a un elemento rispetto a un altro.

Piuttosto che dire sciocchezze, rimani in silenzio
Preferisco andare in bicicletta piuttosto che usare l'automobile.

(Treccani)

Ma andiamo con ordine.

Se «pò» scritto con l'accento ti causa una semiparesi facciale di disgusto, se quando leggi «qual'é» hai bisogno dei sali per rinsavire, o ancora, se dinnanzi ad un «se avrei» già senti suonare le sirene dell'ambulanza, allora questo è il post(o) che stavi cercando.

Inizia la missione: **salviamo l'italiano**. Se ne sentono di ogni tra strafalcioni verbali, errori di ortografia e periodi ipotetici mandati alla malora, ma la piaga che sta dilagando ogni giorno di più è l'uso malato del «piuttosto che».

"Questa sera potremmo mangiare una piadina, piuttosto che una pizza, piuttosto che un hamburger."

Eh, no, cari amanti degli amidi! Voi, la sera, meritereste di andare a letto digiuni!

Attenzione, perché se in quella frase non hai notato nulla di particolarmente strano... beh, Houston, abbiamo un problema!

L'ecatombe che sta affliggendo la lingua italiana (parlata, scritta e persino pensata) è quella di utilizzare in maniera del tutto scorretta la locuzione **«piuttosto che».**

«Piuttosto che» **NON** vuol dire «oppure» inteso nel senso in cui una possibilità non esclude un'altra (es. *puoi chiamarmi oppure scrivermi*) ma **vuol dire «anziché», «al posto di»**, definendo un concetto che ne nega un altro, sostituendosi ad esso. (es. *Fatti aiutare da Mario piuttosto che da Lucio*).

Il «piuttosto che» nel senso di «oppure» viene impiegato come se fosse un uso aulico... ma **è solo un fallimento comunicativo!**

Il fenomeno, tra l'altro, non è sfuggito all'attenzione

degli storici della lingua; sulla rivista *La Crusca per voi* (Numero 24, Aprile 2002) appare, infatti, un articolo di risposta di Ornella Castellani Pollidori:

Non c'è giorno che dall'audio della televisione non ci arrivino attestazioni del piuttosto che alla moda, spesso ammannito in serie a raffica: «... piuttosto che ... piuttosto che ... piuttosto che ...», oppure «... piuttosto che ... o ... o ... », e via con le altre combinazioni possibili.

...

Immaginiamoci poi che cosa potrà accadere con l'insediarsi dell'anomalo piuttosto che anche nei vari linguaggi scientifici e settoriali in genere, per i quali congruenza e univocità di lessico sono indispensabili.

E, purtroppo, questa piaga, apparentemente nata già negli anni '80 negli ambienti agiati del settentrione, sta dilagando anche nel centro-sud, dove sempre più persone (da Roma in giù) stanno sfoggiando questo uso errato del «piuttosto che», per di più sentendosi forbiti e alto-borghesi.

Al che noi, da puristi della lingua, piuttosto che alzare bandiera bianca dinnanzi alla moltitudine reietta, chiediamo il vostro aiuto.

Condividete l'articolo più che potete con amici, conoscenti e perfetti sconosciuti, dedicatelo e spammatelo soprattutto ai fan più sfegatati del «piuttosto che»... quelli che ormai lo usano anche come condimento per l'insalata.

Di Ilaria Maria Villari

APP DI TRACCIAMENTO, BLOCKCHAIN E CORONAVIRUS, CHE SUCCEDE?

Negli ultimi giorni sentiamo parlare spesso della "fase due" per quanto riguarda il controllo dei contagi da Coronavirus nel nostro paese; si discute anche di un'applicazione per smartphone…

Negli ultimi giorni sentiamo parlare spesso della "fase due" per quanto riguarda il controllo dei contagi da Coronavirus nel nostro paese; si discute anche di un'applicazione per smartphone che consentirebbe ai cittadini di compilare l'autocertificazione per gli spostamenti e di ricevere un avviso (notifica, SMS, ecc.) in caso di contatto con una persona infetta da COVID-19.

In molti hanno ipotizzato in che modo potrebbe avvenire il tracciamento, se tramite geo-localizzazione o altro sistema, sollevando tanti dubbi riguardo alla probabile violazione della privacy.

Ieri (17 aprile 2020) è stato finalmente reso pubblico il nome della società che si è aggiudicata il contratto statale per lo sviluppo/concessione di un'app atta allo scopo: Bending Spoons SpA fornirà in licenza gratuita l'uso dell'applicazione **Immuni**, sviluppata in collaborazione con il **Centro medico Santagostino**. Stando alle prime informazioni rilasciate, dovrebbe avvalersi solo del Bluetooth, garantire l'anonimato e non utilizzare la geo-localizzazione; il suo utilizzo sarà inoltre esclusivamente su base volontaria.

Se queste informazioni possono tranquillizzare chi è interessato a tutelare la propria privacy, d'altra fanno sorgere dubbi sull'efficacia del sistema. La positività dell'utilizzatore viene stabilita in base a quanto egli stesso decide di far sapere all'app; solo dal momento in cui si dichiara positivo al COVID-19, il sistema si attiverà per avvisare tutte le persone che sono venute a contatto con lui. Quale sarà quindi l'impatto di questa applicazione se il suo uso è su base totalmente volontaria? Sarà davvero utile allo scopo? Dopo esserci posti queste domande obbligatorie, dato che le informazioni in nostro possesso sono ancora troppo poche, vediamo quali potrebbero essere altre soluzioni al problema.

Un team di ricercatori dell'Istituto di Ricerca Biomedica dell'Università di Salamanca (Spagna) ha progettato una soluzione per aiutare nella gestione della crisi. L'idea alla base è fornire un prodotto utile a tutti i cittadini, compresi i sanitari; il sistema aiuterebbe a prendere decisioni intelligenti usando algoritmi di intelligenza artificiale, monitorando l'andamento dei casi di COVID-19 così da poter agire immediatamente su un'area specifica, ad esempio applicando misure di quarantena più stringenti.

Grazie all'uso della Blockchain è possibile fornire ad

ogni cittadino un'identità digitale completamente anonima, controllata da una chiave privata. Questa darebbe accesso ai risultati del test di positività, consentendo maggior libertà alle persone di cui si sia verificata la negatività. La raccolta dei dati in forma anonima supporterebbe il governo nel prendere decisioni in merito alle misure di allontanamento sociale e di quarantena. Proprio riguardo all'allontanamento sociale, il sistema coordinerebbe anche il "traffico pedonale" per limitare la quantità di persone presenti in un determinato luogo.

Quali che siano la soluzioni proposte e/o approvate, a mio parere dovranno essere accompagnate dal codice sorgente, consentendone l'analisi da parte degli esperti del settore, per garantire che le soluzioni di sicurezza e protezione della privacy siano rispettate. Oltretutto ogni discorso riguardante la privacy cadrebbe nel momento in cui un governo decidesse di geo-localizzare i cittadini e di rendere obbligatorio per gli spostamenti l'uso di un'applicazione per il monitoraggio a codice sorgente chiuso . Infatti il 19 Marzo 2020 è stata adottata in Europa una dichiarazione sul trattamento dei dati personali nel contesto dell'epidemia COVID-19 riguardo all'uso dei dati di localizzazione da dispositivi mobili:

"Quando non è possibile elaborare solo dati anonimi, la direttiva e-privacy consente agli Stati membri di introdurre misure legislative per salvaguardare la sicurezza pubblica (articolo 15)."

Nel frattempo possiamo solo continuare a mantenere buonsenso ed un comportamento corretto per salvaguardare la nostra salute e quella del prossimo.

Di Marco Costantino

Fonti:

https://www.garanteprivacy.it/home/docweb/-/docweb-display/docweb/9295504

PARALISI DEL SONNO: TRA SCIENZA E PARANORMALE

La paralisi ipnagogica: semplice disturbo del sonno o presenze paranormali?

La paralisi nel sonno, detta anche **paralisi ipnagogica**, è un disturbo che si presenta in fase di risveglio; dura solitamente pochi secondi, in rari casi qualche minuto. Essa comporta una momentanea paralisi muscolare, difficoltà respiratorie e impossibilità di parlare che provocano nel soggetto colpito una sensazione di grande angoscia.

Il fenomeno nasce a causa di un'asincronia tra mente e corpo: in poche parole ci rendiamo conto di essere svegli ma il nostro corpo è ancora "addormentato". Questo provoca, in alcuni casi, allucinazioni dovute a sogni (o incubi). Non è un disturbo preoccupante, ma chi ne è stato colpito non lo ricorda molto volentieri.

Sulla paralisi del sonno lo psicologo **Chris French** e la film maker **Carla MacKinnon** hanno anche realizzato un cortometraggio (in inglese), visibile qui sotto, volto a rassicurare chi ha sofferto di questo disturbo.

Anche **Andrea Romanelli**, dell'Università di Padova, ci spiega cosa accade realmente durante questa fase di paralisi. Qui di seguito uno stralcio del suo articolo:

> La paralisi nel sonno è un'incapacità di muoversi quando ci si risveglia durante la fase del sonno REM, quella nella quale avvengono i sogni e il corpo normalmente si paralizza proprio per impedirci di 'vivere i sogni', agire, e farci male involontariamente. Insomma, se tutto funziona normalmente si tratta di un meccanismo di sicurezza. Invece nel caso delle paralisi il soggetto 'sogna con un occhio aperto': è ancora immerso nell'attività onirica di sonno Rem ma è sveglio, solo che non può muoversi e non capisce il perché. Oltretutto l'attività onirica ancora in corso può creare allucinazioni, anche terrificanti, durante gli episodi.

Per chi fosse interessato *qui* potrete leggere la sua pubblicazione.

Questo è ciò che spiega la scienza ma, come in altri ambiti, vi sono anche teorie che associano questo disturbo all'interferenza di esseri paranormali durante la fase del sonno.

Molti affermano di aver visto un essere, spesso soprannominato **intruso**, durante la fase di paralisi. Le raffigurazioni sono molteplici: un demone, una strega o un fantasma; tutte sono accomunate dal fatto che l'intruso si troverebbe sopra il malcapitato, bloccandolo. Questo motiverebbe lo stato di paralisi.

Lo Psicofisiologo **Luigi De Gennaro**, esperto di disturbi del sonno, ha studiato il fenomeno anche dal punto di vista folcloristico. Nel suo articolo su *Huffington Post*, fa notare che in molte culture ci sono descrizioni più o meno simili di presenze demoniache o sovrannaturali: la più antica, trovata in un libro cinese sui sogni, risale al 400 aC. In Italia ci sono diverse varianti regionali riguardo all'essere responsabile della paralisi.

Secondo alcuni dati statistici, nei paesi industrializzati circa il 6% della popolazione soffre di paralisi del sonno. Di queste persone, il 36% sono comprese nella fascia d'età tra i 25 ed i 44 anni. Fortunatamente, oltre a non avere ripercussioni sull'individuo, la paralisi del sonno è un episodio che si verifica poche volte nel corso della vita. Tuttavia per qualcuno può diventare un fenomeno ricorrente; in particolare chi soffre già di disturbi del sonno come la **narcolessia** ha maggiori probabilità di avere anche la paralisi del sonno: circa il 30-50% delle persone narcolettiche riporta infatti anche questo disturbo.

Di Giuseppe Principato

Fonti:
https://journals.sagepub.com/doi/pdf/10.1177/1363461520909609

INTEL E AMD VITTIME DI SPIONAGGIO INDUSTRIALE DURANTE GLI ANNI '80

La tecnologia dei principali microprocessori AMD e del prezioso progetto Pentium di Intel fu sistematicamente comunicata a Governi concorrenti per opera di un curioso ingegnere di nome Guillermo Gaede detto "Bill", protagonista durante la guerra fredda di uno dei più grossi casi di spionaggio industriale.

Non si può trascurare l'importanza delle aziende di microelettronica nella sicurezza nazionale, proprio a partire degli anni ottanta due colossi statunitensi furono al centro di uno sbalorditivo furto di tecnologia.

Stiamo parlando delle tecniche di produzione dei microprocessori di Intel e AMD.

Nel processo industriale di chip la parte preziosa non è tanto il prodotto finale ma la tecnica di produzione dove ogni piccolo dettaglio può fare la differenza, basti pensare che due terzi del valore di un circuito integrato risiede nel disegno.

Per poter passare inosservato alla vigilanza Guillermo nascose documenti e wafer nei più svariati modi, ad esempio in una agenda dal doppio fondo che gli fu fornita dai cubani.

Gaede nacque a Buenos Aires il 19 novembre del 1952 si trasferì in gioventù con la famiglia negli Stati Uniti, rifiutarono di diventare cittadini americani, così dopo qualche anno decisero di ritornare in Argentina per evitare che lui e i suoi fratelli partecipassero al conflitto bellico del Vietnam durante il servizio militare obbligatorio.

In Argentina e all'età di 21 anni Bill fu assunto alla Entel principale compagnia telefonica del paese, fu proprio in questa occasione che sviluppò le sue idee politiche, successivamente decise di affiliarsi al Partito Comunista e di aiutare Cuba.

Deluso dalla situazione Argentina e sopratutto dal rifiuto del visto da parte del Governo di Cuba nel 1977 Gaede partì per gli USA in cerca di una nuova occupazione.

Dopo la seconda metà degli anni '70 i big della Silicon Valley necessitavano di un ingente numero di tecnici e operatori per poter arrivare a soddisfare la potenziale domanda di circuiti integrati.

In questo contesto Bill Gaede trovò lavoro presso la AMD, sottrasse la documentazione tecnica contenente informazioni di alta tecnologia che portò personalmente alla sezione interessi del Governo cubano all'interno dell'Ambasciata della Repubblica Ceca a Washington, riuscì così ad aiutare il Governo di Fidel Castro.

Iniziò la sua avventura come informatore di diversi governi: da Cuba, agli USA all'Iran, alla Cina.

Nella propria carriera Gaede venne assunto da Intel e passò informazioni a governi ostili agli americani, per poi collaborare con l'FBI in un intreccio da lui raccontato degno di un film da Oscar ma lontano dagli stereotipi di James Bond.

Solo un esempio fu quando filmò gli incontri con agenti del governo americano nascondendo una telecamera nel forno di casa, si immagina il mondo dello spionaggio e del controspionaggio pieno di intrighi, adrenalina, paura. Niente di tutto ciò ha sofferto "Bill":

> *"L'ho preso come un gioco, è stato qualcosa che ha funzionato per me, quindi ho continuato a farlo, ma non ho mai temuto per la mia vita." intervista a BBC Mundo*

Dopo un decennio di collaborazione con il Governo di Cuba decise di cambiare partito:

> *"Nel 1990 io e mia moglie visitammo Cuba e fummo completamente disillusi, ci rendemmo conto che il comunismo era una grande bugia. Lì ho deciso che non solo avrei dovuto smettere di aiutare il*

governo cubano, ma avrei dovuto aiutare a rovesciarlo." intervista a BBC Mundo.

Nel giugno del 1996 Gaede si dichiarò colpevole e fu condannato a 33 mesi di prigione durante i quali si dedicò ad aiutare altri detenuti, in molte interviste dichiara di aver agito per ideologia.

Fino ad ora non esisteva nessuna legge nazionale in merito al furto di informazioni industriali, il modo di comprendere lo spionaggio industriale cambiò per sempre, il Congresso degli Stati Uniti varò l'**Economic Espionage Act of 1996** e il caso Gaede fu citato nel dibattito parlamentare.

Di Edoardo Ferri

Fonti:
https://www.bbc.com/mundo/noticias/2015/04/150416_espia_cuba_eeuu_crazy_che_vs

Documentario El Crazy Che
https://www.imdb.com/title/tt4579610/

INFODEMIA, COVID-19 E ANALOGIE STORICHE NELLA VERIFICA DELLE FONTI

La situazione attuale potrebbe essere confrontata con analoghe situazioni del passato; Peter Tompkins giornalista americano e spia dell'agenzia OSS (Office of Strategic Services) a Roma durante la seconda guerra mondiale.

Nell'attuale situazione di emergenza è facile cadere nel pessimismo e avere visioni catastrofiche sul futuro, nonostante le esortazioni degli esperti a prepararsi per ripartire e a pensare positivo imparando dagli errori. Certo la facilità nel dar credito a narrazioni semplicistiche sulla situazione o patetiche nei confronti di chi ha sofferto gravi perdite per l'epidemia, dovrebbe farci riflettere e aiutarci ad avere il giusto pensiero critico in merito all'emergenza.

Se la ricerca di informazioni attendibili risulta fondamentale per gestire correttamente la situazione, nello stesso tempo l'incremento di contenuti informativi che avviene durante una crisi globale è direttamente proporzionale ai potenziali fraintendimenti generati. Tradizionalmente è compito dei giornalisti selezionare e comunicare al pubblico notizie comprensibili, ma l'avvento di internet ha dato la possibilità a chiunque di pubblicare informazioni, e termini quali "*fake news*" e **"infodemia"** hanno iniziato a far parte del lessico comune.

L'enciclopedia Treccani definisce **infodemia**: *s. f.* Circolazione di una quantità eccessiva di informazioni, talvolta non vagliate con accuratezza, che rendono difficile orientarsi su un determinato argomento per la difficoltà di individuare fonti affidabili. [...]

Nel corso di una pandemia questo problema non è relativo solamente alle informazioni di pubblico dominio, ma colpisce anche quelle più riservate; lo dimostra questo articolo del Sole 24 ore, pubblicato il 26 marzo 2020: "Coronavirus, Copasir a Conte: stop agli intralci sulle informazioni dei Servizi".

Per comprendere quello che il **Copasir** (comitato parlamentare per la sicurezza della Repubblica), che ha il compito di vigilare sulle agenzie di sicurezza nazionale, chiede al premier Conte, bisognerebbe procedere a una attenta analisi del comunicato; sopratutto in contesti di sicurezza notiamo la delicatezza strategica di gestire i flussi di informazioni nel modo più efficiente possibile.

La situazione attuale potrebbe essere confrontata con analoghe situazioni del passato; **Peter Tompkins** giornalista americano e spia dell'agenzia OSS *(Office* *of Strategic Services)* a Roma durante la seconda guerra mondiale, potrebbe aiutarci a comprendere come i servizi di sicurezza ottengono le informazioni che vengono successivamente inviate ai governi.

Tompkins si trovò in una situazione che potremmo definire da infodemia di altri tempi: gli venne affidato il compito di ottenere informazioni sugli spostamenti e le strategie dell'esercito tedesco, per questo dovette organizzare il sistema di informazione tramite radio clandestine infiltrate da agenti in territori allora sotto il controllo tedesco. Gli americani potevano contare sul supporto di **Ultra**, il sistema inglese di decrittazione dei messaggi tedeschi scambiati con le macchine Enigma. I risultati di Ultra però tardavano ad arrivare: le informazioni passavano da Bletchley park al Comando Centrale di Churchill per poi essere distribuiti a un numero ristretto di comandanti in modo sicuro. Questo era motivato dal timore che i tedeschi si accorgessero della fuga di notizie e riparassero la "falla", ma i tempi in cui le informazioni giungevano a destinazione erano troppo lunghi.

Nel saggio intitolato: *"L'altra resistenza"* Tompkins descrive una delle situazioni in cui spesso si trovava, nella quale l'unica soluzione era usare sensibilità e intuito per scegliere quali informazioni riportare ai vertici.

La mattina seguente, il 24 gennaio,

> Cervo[1] era già uscito e rientrato prima che io avessi fatto colazione. Ben presto arrivò il primo di una lunga serie di bigliettini provenienti dalle fonti più diverse: dai vari partiti, da Coniglio[2], da organizzazioni secessioniste mai sentite prima, come il Movimento comunista cattolico, e persino da qualche parroco: tutti con frammentarie informazioni sui tedeschi. Mentre li esaminavo, mi resi conto che la soluzione al problema prioritario di soddisfare la richiesta della base di avere informazioni sui movimenti nemici era ancora lontana.
>
> Da un punto di vista tecnico, avrei dovuto essere felice da una tale massa di informazioni [...]

A questo punto l'autore si pone diversi quesiti sulla verifica delle fonti: è facile intuire la difficoltà di selezionare le notizie utili in un contesto bellico, e l'attendibilità di chi le comunica può vacillare alla minima discrepanza.

Tompkins definisce due strategie:

> Avevo due alternative: organizzare un sistema di archiviazione e controllo per eliminare ripetizioni e incongruenze,

> oppure scartare gran parte delle
> informazioni e mettere in atto un sistema
> di controllo interamente indipendente,
> attivo ventiquattr'ore su ventiquattro su
> tutte le maggiori arterie stradali da e per
> Roma. Ma come?
>
> Chiamai Cervo e gli chiesi quali altre
> organizzazioni stessero trasmettendo
> informazioni di carattere militare per
> mezzo di radio clandestine. [...]

Il flusso di informazioni aumentò per via dell'esigenza di ottenere notizie da altre fonti in modo da poter essere usate come conferme, quindi agevolare l'agente nella scelta di informazioni da inviare al comando.

Tompkins si trovò a dover valutare un bollettino dei badogliani, che avevano una radio clandestina collegata con il Comando supremo italiano:

> Ancora una volta mi ritrovai costretto a
> fidarmi dell'arma più indefinibile,
> rischiosa, ma spesso l'unica di cui
> disponga sia un giornalista sia un
> funzionario del servizio segreto: l'istinto.
> La prosa al pari della poesia, possiede
> certe sfumature quasi impercettibili per
> mezzo delle quali si può capire la
> veridicità o la falsità di un rapporto,

> osservando la costruzione delle frasi, la loro concisione, il tipo di parole qualificanti. Ebbene il bollettino di Franco[3] aveva per me il sigillo dell'autenticità. [...] Il mio istinto ci aveva visto giusto. Avevamo identificato tutte le principali unità tedesche che si stavano dispiegando contro la testa di ponte [...]

Al giorno d'oggi, in un normale contesto civile il contrasto alle cosiddette **fake-news** assume comunque un ruolo centrale e diverse aziende si occupano di *media intelligence*, aiutando gli utenti a interpretare la mole di dati che generiamo sul web.

Con una breve ricerca sui motori di ricerca inserendo le parole chiave:"*fake-news coronavirus*" troveremo diversi portali istituzionali, come il Ministero della Salute e il Consiglio Nazionale delle Ricerche, che quotidianamente informano cittadini e giornalisti in merito alla pandemia in corso, identificando e sfatando le informazioni false.

La capacità del lettore nel porsi le domande giuste è la chiave, oggi come allora; anche se la tecnologia e il ruolo di cittadini ci aiuta a essere un po' più leggeri e deresponsabilizzati rispetto a Peter Tompkins.

Di Edoardo Ferri

ANTOLOGIA DE IL CIBERNETICO I

Fonti:

[1] Maurizio Giglio - Nato a Parigi nel 1920 viveva a Roma con la famiglia. Tenente dell'81 Reggimento Fanteria a Roma, aveva partecipato alla campagna di Grecia, ferito e decorato sul campo. Il 10 settembre del 1943 prese parte ai combattimenti contro le truppe tedesche presso porta San Paolo. Quando vide i tedeschi occupare Roma e la sua stessa caserma Regina Margherita decise di raggiungere l'Italia liberata. Il 17 settembre a Benevento inizia la collaborazione con la Quinta Armata americana.

[2] Clemente Menicanti - Agente del SIM infiltrato nell'Italia del nord inviato da Brindisi, si offrì di andare a Roma con una radio per organizzare una rete di informatori.

[3] Identità sconosciuta - Fonte interna ai badogliani del colonnello Montezemolo, di origine austriaca ha frequentato corsi con l'esercito tedesco, collabora con l'OSS.

L'altra Resistenza di Peter Tompkins ISBN: 978885650122-3 edito da Il Saggiatore

UNA NUOVA BOLLA FINANZIARIA ALL'ORIZZONTE?

Nel 2017 sembrava ormai scontato per molti che l'improvviso incremento dei prezzi delle criptovalute fosse una bolla che stava per scoppiare.

In effetti tra il 2018 e il 2019 abbiamo assistito a un consistente calo dei prezzi, senza però che avvenisse il tracollo previsto da tanti esperti del settore.

Il 2020 è partito con l'inaugurazione di nuovi sistemi, che hanno fatto tornare un certo interesse verso il mondo delle criptovalute. Stiamo parlando della finanza decentralizzata (**DeFi** = Decentralized Finance): un nuovo sistema monetario basato su blockchain pubbliche.

Fino ad ora, in ambito criptovalute, abbiamo sentito parlare principalmente di Bitcoin ed Ethereum; però sappiamo che esiste un intero ecosistema con migliaia di altre criptovalute che mirano a risolvere i più disparati problemi.

La motivazione dietro a tutto ciò è semplice; si stima che quasi 2 miliardi di persone nel mondo non hanno accesso a servizi finanziari. Decentralizzazione significa non avere un ente centrale che verifica le transazioni e ne mantiene un registro. Tutte le informazioni sono sparse tra migliaia di computer interconnessi tra loro.

Il cuore pulsante della DeFi risiede nelle **dApps** (applicazioni decentralizzate), che permettono l'accesso a questi nuovi servizi finanziari in maniera semplificata, anche tramite smartphone.

Per capire meglio come funzionano le dApps bisognerebbe avere un po' di conoscenze tecniche, ma se immaginiamo Facebook abbiamo già l'idea di cosa sia un'applicazione web; le dApps sono molto simili nella forma, c'è però la fondamentale differenza che i dati vengono immagazzinati sulla blockchain (quindi distribuiti su migliaia di computer), invece che nei server centrali di proprietà di Facebook Inc.

I prestiti sono un altro punto focale della DeFi; al momento chi non può accedere a servizi finanziari tradizionali, difficilmente può richiedere un prestito. Queste piattaforme connettono direttamente creditori e debitori, dando vita ad assets che possono essere collateralizzati.

Oltre ai prestiti, gli altri usi pratici della DeFi sono **Exchange** decentralizzati e **Yield farming**. Gli Exchange sono dei veri e propri centri di scambio, una sorta di borsa valori nella quale gli utenti possono scambiare tra loro sia criptovalute che valute tradizionali.
Fin qua nulla di strano, si è riusciti nell'impresa di

eliminare una figura centrale per gestire gli scambi e di renderli appunto "decentralizzati"; l'esempio più famoso e di successo è Uniswap.

Yield farming è la pratica di prestare dei fondi, che siano essi criptovalute o valute tradizionali, ad una determinata applicazione (dApp) DeFi, che li utilizzerà per fare trading e/o prestarli ad altri utenti. Nulla di strano se fossimo in un ambiente controllato e regolamentato.

Il pericolo di una nuova bolla si intuisce quando mettiamo insieme criptovalute e interessi annui da capogiro (500%+/anno, con picchi di 500000%); capire bene i meccanismi che stanno dietro a questi guadagni che piovono dal cielo è molto complicato e l'utente novizio può trovarsi facilmente nella situazione di perdere completamente il proprio investimento.

L'applicazione DeFi che ha lanciato tutto questo mercato è yearn.finance, il cui token è passato da un valore di 37$ ad un massimo di 40000$ nel giro di pochi mesi; questo ha dato luogo alla nascita di tantissime altre applicazioni che promettono gli stessi guadagni e, manco a dirlo, a un sacco di truffe.

Sebbene i mercati stanno ricevendo regolamentazioni stringenti sul settore criptovalute (ne parlavamo quasi un anno fa, a proposito delle regolamentazioni in atto in Europa), si è riusciti ad aggirarle proprio grazie all'assenza di enti centrali.

Grazie a tutte queste novità è iniziata anche una serie di veri e propri **Helicopter Money** in salsa crypto, con cui ad esempio Uniswap ha regalato 400 monete UNI a tutti quelli che avevano utilizzato in precedenza la piattaforma. UNI ha raggiunto nell'arco di una settimana il valore di 7$, se la matematica non ci inganna parliamo di almeno 2800$ donati a ciascun utente.

In questo momento siamo ancora nel bel mezzo della tempesta ed è presto per tirare le somme, il mio personale parere è che c'è il rischio concreto dello scoppio di una bolla enorme, molto più grossa di quella di Bitcoin nel 2017; staremo a vedere e sicuramente scriveremo degli aggiornamenti periodici sull'andamento di questo nuovo settore.

Di Marco Costantino

Fonti:

https://www.ilpost.it/2016/05/17/helicopter-money/

PER CREARE UNA CRIPTOVALUTA SERVE ESSERE DEI GENI?

Creare criptovalute è ritenuto da molti una cosa difficilissima, immaginiamo infatti il creatore di Bitcoin come un genio dell'informatica e della matematica, ed è giusto che sia così...

Creare criptovalute è ritenuto da molti una cosa difficilissima, immaginiamo infatti il creatore di Bitcoin come un genio dell'informatica e della matematica, ed è giusto che sia così. Anch'io immagino Satoshi (chiunque esso sia, una persona o un gruppo) nel suo scantinato a creare un giochino per pochi "nerd".

Col tempo, il suo esperimento è diventato un fenomeno mondiale, raggiungendo 20000 dollari di valore nel 2017 e superandolo nuovamente ieri (23000 proprio mentre sto scrivendo) dopo essere sceso fino a 3600 dollari a fine 2018.

Ma quali conoscenze sono richieste per creare una criptovaluta? Sicuramente in passato erano richieste abilità di programmazione a livelli molto alti, oltre a una fine conoscenza degli algoritmi di crittografia; ma oggi il panorama è cambiato, perché sono nati molti strumenti per facilitare questo compito, soprattutto se ci interessa creare una criptovaluta semplice, con la sola funzionalità di scambio/riserva di valore.

In un precedente articolo abbiamo citato Filecoin, che è una criptovaluta con funzioni molto complesse, ma quello che vogliamo analizzare ora è la creazione di un token davvero semplice.

Appoggiandoci alla rete Ethereum possiamo sfruttare le sue potenzialità al nostro scopo, creando uno Smart Contract che genererà una criptovaluta sulla stessa rete.

Dal punto di vista tecnico ci troviamo di fronte a tre possibilità (elencate nell'ordine, dalla più complicata alla più semplice):

1. Ci armiamo di pazienza e, con un minimo di conoscenza di terminale, possiamo compilare e pubblicare il contratto grazie al codice reso pubblico da OpenZeppelin. Questa criptovaluta avrà le funzionalità di scambio, *burn* (bruciare monete, abbassando l'offerta circolante) e *mint* (coniare nuove monete, aumentando l'offerta circolante). Se volete saperne di più, **vi segnaliamo che Il Cibernetico si è cimentato proprio in questo esperimento, con la creazione de "Il Cibernetico Coin"** (seguiteci su GitHub e leggete il nostro articolo a riguardo!)
2. Usare uno dei tanti servizi online; rendono più semplice la creazione di una criptovaluta,

addirittura potendo inserire tantissime funzionalità: oltre ai già citati *mint* e *burn*, è possibile creare *presales* (ICO) e *governance* (i possessori della moneta possono votare riguardo agli sviluppi della stessa). Quindi con il minimo sforzo si può creare una criptovaluta a tutto tondo.
3. Comprare il servizio da aziende, che realizzeranno la criptovaluta secondo le specifiche richieste dal committente .

Quale che sia la nostra scelta, riusciremo a realizzare la nostra criptovaluta. Le principali discriminanti nella scelta del metodo di realizzazione consistono nel tempo e nel denaro da impiegare.

Quindi la risposta è si, al giorno d'oggi chiunque può creare una criptovaluta, che sia per divertimento o business, stando ovviamente attenti a rispettare sempre le leggi imposte dal proprio governo in questa materia.

Di Marco Costantino

Fonti:

https://github.com/ilcibernetico

COME SI CREA UNA CRIPTOVALUTA? CI ABBIAMO PROVATO

Creare una criptovaluta, dalla teoria alla pratica. Ci siamo messi alla prova e vi mostriamo come abbiamo fatto.

A dicembre vi abbiamo parlato, in questo articolo (articolo precedente), di quanto possa essere semplice creare una criptovaluta. Complice anche il boom delle criptovalute avuto nei mesi successivi, dalla sua pubblicazione il nostro articolo ha ricevuto grande interesse da parte dei lettori, sebbene non fossimo scesi troppo nei dettagli tecnici.

Oggi torniamo a scrivere dello stesso argomento, dopo aver sperimentato di persona la creazione di una criptovaluta (la nostra!), che abbiamo chiamato CIBE. Teoricamente è scambiabile sui mercati e perfettamente funzionante; la cosa però più interessante di questo esperimento è che possiamo raccontarvi passo passo i processi necessari alla sua nascita.

Per una criptovaluta come CIBE, dotata soltanto di funzionalità semplici (poter essere emessa ed essere scambiabile sui mercati) il tempo di realizzazione è di circa 5 minuti. La maggior parte dei contratti sono open-source ed è possibile riutilizzare codice scritto da altri (prestando attenzione a ciò che si riutilizza), mentre la spesa sostenuta è di pochi euro.

Per questo test abbiamo utilizzato la rete di Binance, Binance Smart Chain (BSC), perfettamente compatibile con Ethereum (ne è un suo fork), di cui abbiamo già parlato in precedenza.

Per iniziare dobbiamo acquistare dei BNB; sono la criptovaluta principale che si utilizza per le transazioni su BSC (così come avviene con ETH per la rete Ethereum). Ce li possiamo procurare facilmente registrando un conto su Binance.

Quindi installiamo sul nostro browser l'estensione Metamask. Questo è il più famoso wallet per criptovalute, nato per rete Ethereum e compatibile anche con BSC. Si aggiunge come estensione ad alcuni dei browser più comuni (noi abbiamo usato Chrome) e possiamo tranquillamente utilizzarlo per le nostre prove.

Una volta installata l'estensione e compiuti i primi passi ci viene mostrata la schermata del nostro portafoglio, che ci segnala 0 ETH. Dobbiamo ora configurare Metamask per lavorare su rete BSC.

Siamo pronti! Non ci resta che inviare i BNB acquistati su Binance (per il nostro tipo di contratto è sufficiente anche solo 0.01 BNB) al nostro portafoglio per partire; quando ci verrà chiesto all'interno della sezione prelievi di Binance l'indirizzo a cui recapitare i fondi, dovremo copiare il nostro indirizzo e incollarlo in Binance.

Per creare il contratto, che conterrà il codice della nostra criptovaluta, abbiamo utilizzato Remix. Si tratta di un editor completo per la scrittura e la pubblicazione di contratti su reti Ethereum e compatibili.

Qui potremo scrivere il contratto che preferiamo e pubblicarlo sulla rete BSC. Per comodità, se volete fare delle prove, abbiamo reso disponibile il codice di CIBE (la criptovaluta de Il Cibernetico) su GitHub: https://github.com/ilcibernetico/test-criptovaluta

Se copiate il codice dal nostro repository di GitHub, ricordatevi però di modificare alla riga 356 il nome della moneta, alla 357 il simbolo ed alla 359 le monete totali da generare (il numero va moltiplicato per 10^{18}, quindi se vogliamo 10 milioni di token inseriamo 10000000 (più i 18 zeri, questo varia in base ai decimali scelti in riga 358, 18 è il default) come mostrato nell'immagine qui sotto.

La compilazione del contratto trasforma il codice che abbiamo scritto in informazioni comprensibili dalla rete.

La pubblicazione di fatto renderà la nostra criptovaluta una realtà.

Il risultato finale sarà questo:
https://bscscan.com/token/0x26b582624b673f4bd999b411c4fcf7dca2bb2cff

Come si può vedere dal nostro bilancio finale, abbiamo speso quasi 0,005 BNB (ad ora circa 1,5$ o 1,25€) per creare la criptovaluta.

Ora come ora il token non sarà scambiabile su mercati decentralizzati; per renderlo tale bisogna fare un passo aggiuntivo: aggiungere la liquidità su un exchange decentralizzato (ad esempio PancakeSwap)

Fateci sapere se siete riusciti a creare la vostra criptovaluta!

Vi ricordiamo che questo articolo è stato scritto unicamente a scopo educativo e non possiamo fornire alcun supporto e/o assistenza su eventuali operazioni finanziarie.

Di Marco Costantino

EASTER EGG DEL MONDO VIDEOLUDICO (SPECIALE PASQUA)

Speciale di Pasqua dedicato ai famosi Easter egg nel mondo dei Videogames. Se non sapete ancora di cosa si tratta, questo potrebbe essere il momento di scoprirlo!

Un **Easter egg** (letteralmente, *uovo di Pasqua*) è un contenuto, di natura bizzarra e innocuo, che i progettisti o gli sviluppatori di un prodotto (solitamente software) nascondono all'interno dello stesso.

Il termine venne coniato, non a caso, da Steve Wright della Atari; infatti gli *Easter egg* fecero la loro comparsa proprio nell'ambito dei videogiochi. Si ritiene che il primo caso noto fosse in una cartuccia per la console Fairchild Channel F dove, inserendo un codice di 48 numeri all'inizio del gioco "Spitfire", appare il nome del presunto autore (Michael K. Glass). Tale *Easter egg* è stato però scoperto solo molto tempo dopo l'uscita del gioco, analizzando il disassemblato della cartuccia e individuando sia il codice nascosto che la porzione di programma da questo attivata. Senza tale indagine sarebbe stato praticamente impossibile trovarlo, perché non c'erano tracce visibili da nessuna parte.

Un *Easter egg* si classifica come tale solo se è qualcosa di completamente estraneo alle normali funzioni del software in cui viene inserito e, al tempo stesso, non causa nessun danno (quindi si escludono contenuti nascosti di natura ben diversa e malevola come virus, trojan, spyware e via dicendo).

La maggior parte degli *Easter egg* si trovano nascosti in prodotti software, nei quali svolgono spesso il ruolo di "firma", che il programmatore integra nel prodotto da lui realizzato. Oggi l'espressione ha assunto un significato più esteso; viene considerato tale qualunque elemento nascosto, accessibile solo attraverso una serie di passaggi (click, combinazioni di tasti, ecc.). Non di rado si sente parlare di *Easter egg* anche nell'ambito dei CD musicali (ad esempio come traccia nascosta) o nei DVD (contenuti accessibili solo premendo alcuni tasti del telecomando o attivando aree del menu non segnalate)

Ad oggi, in ambito videoludico, gli *Easter egg* sono sì nascosti ma è possibile trovarne parecchi facendo attenzione a certi particolari. Tra i titoli che ne presentano il maggior numero vi è la serie di GTA (Grand Theft Auto) della Rockstar Games. Per farvi capire meglio di cosa stiamo parlando, di seguito vi mostrerò alcuni video presi dal canale YouTube WatchMojo Italia, che tratta in maniera molto spiritosa l'argomento.

(Potete utilizzare lo short URL di YouTube oppure

digitare il titolo nella barra di ricerca)

TOP 10 MIGLIORI EASTER EGG nei GTA! https://youtu.be/vwcQ54g6iKM

Top 10 EASTER EGG più INTROVABILI nei VIDEOGIOCHI! https://youtu.be/GyxOzIFgg54

Top 10 EASTER EGG più SPAVENTOSI nei VIDEOGIOCHI! https://youtu.be/bUo_h57dWjM

Top 10 EASTER EGG più FIGHI nei VIDEOGIOCHI! https://youtu.be/iyj_OpxU56M

Un'altra Top 10 EASTER EGG più FIGHI nei VIDEOGIOCHI! https://youtu.be/nuPqcVEOGQA

Come potete vedere esistono tantissimi *Easter egg*, che spaziano letteralmente in ogni ambito possibile; dalle creature fantastiche ai riferimenti storici, dall'horror alle citazioni di autori o di altri videogames. Questi sono solo una piccola parte di quelli esistenti, poiché quasi tutti i software ad oggi hanno qualche piccolo "segreto" nascosto.

Di Giuseppe Principato

Fonti:

Le fonti di riferimento sono il canale youtube WatchMojo Italia e Wikipedia.

L' "AFFAIRE" ERCOLESSI

Gli archivi digitali di quotidiani e periodici sono una vera manna per la ricerca sui fatti storici. In alcuni articoli precedenti si erano già esaminate le potenzialità di questo strumento che, pensando ai metodi utilizzati per ricerche del genere nel passato recente (primi anni 2000), appare come un decisivo miglioramento in termini di velocità ed efficacia. Ai tempi infatti la consultazione degli archivi era possibile unicamente in sede, visionando microfilm tramite appositi proiettori e fotocopiando quindi le pagine necessarie alla propria ricerca...

Cercando negli archivi, questa volta si è scovato un caso di cronaca d'epoca davvero emblematico. La vicenda del Capitano **Ercolessi** non fu infatti solo il primo caso conclamato di alto tradimento compiuto da un militare italiano, ma ebbe un impatto sull'opinione pubblica paragonabile a quello ottenuto, nella Francia di pochi anni prima, dal processo a **Dreyfuss**. Abbiamo trovato interessante esaminare lo stile con cui la notizia venne narrata dai quotidiani del tempo per fare un confronto con la cronaca odierna, cercando somiglianze e differenze.

Ci siamo basati sugli archivi digitali di due quotidiani con punti di vista sostanzialmente diversi: "La

Stampa", d'impronta più nazionalista, e il socialista "Avanti".

La vicenda

Il 5 luglio 1904 Gerardo Ercolessi, ufficiale di fanteria stanziato a Messina, venne arrestato assieme alla moglie Guglielmina Zona con l'accusa di aver sottratto, fotografato e venduto a potenze straniere (in primis la Francia) documenti militari riservati. Le informazioni incominciarono a girare soltanto a cose fatte, e i giornali presi in esame ne parlano nell'edizione del 7 luglio; mentre nell'Avanti troviamo solo un breve trafiletto, dove il nome dell'arrestato è scritto perfino in modo errato (Ercolessi invece di Ercolessi), La Stampa dedica alla vicenda le prime due pagine, facendo precedere la notizia da una sorta di poema, intitolato "Nel regno di Dora" a firma Rastignac (pseudonimo di Vincenzo Morello) dedicato alle virtù delle donne e degli ufficiali italiani, infangate dal tradimento compiuto dai coniugi Ercolessi. Appare evidente quanto i sentimenti nazionalisti di una parte dell'opinione pubblica siano risentiti da tale avvenimento. Nei giorni immediatamente seguenti anche sull'Avanti la notizia viene approfondita ma, rispetto a quanto avviene negli articoli de La Stampa, il giornale socialista sembra trattare con una certa freddezza la vicenda, preoccupandosi più che altro della diffusione di notizie poco attendibili sugli arrestati.

Nei mesi di luglio e agosto del 1904 la vicenda raggiunge il culmine dell'interesse mediatico; mentre si da la caccia al misterioso emissario francese Valiere, saltano fuori dei personaggi da operetta, presunti complici del tradimento. E intanto, sui coniugi Ercolessi si ricamano storie destinate a soddisfare il gusto di un certo pubblico per l'indiscrezione e il pettegolezzo. Mentre l'Avanti ridicolizza questa diffusione incontrollata di fantasie, su La Stampa troviamo parecchi articoli nei quali chi scrive sembra propenso a credervi. Si parla ad esempio dello stile di vita esageratamente lussuoso condotto dagli Ercolessi, grazie al denaro ottenuto col tradimento. Ma è tutta invenzione, perché la famiglia degli accusati seguiva invece uno stile di vita modesto e riservato, come confermato dai loro conoscenti...e allora gli stessi che prima avevano parlato di sfarzo e lusso, insinuano poi che tutta quella discrezione servisse a nascondere i loro misfatti.

Su Guglielmina Zona la fantasia degli inventori di storielle per il pubblico tocca il punto più basso. Si dice che è una spendacciona, tirannica e manesca con i figli e, per non far mancare nulla, di facili costumi. Tra i suoi presunti amanti si annoverano prima il Valiere, poi l'ex-militare Mancinelli, ritenuto complice nel tradimento. Gran parte di queste storie inventate di sana pianta hanno la classica funzione di riempimento: *quando le informazioni vere mancano, a causa del riserbo delle autorità, si ricama con i "sentito dire"*. Abbiamo assistito a cose del genere in casi di cronaca più recenti.

I retroscena

Per capire l'effettiva portata dell'azione spionistica di Ercolessi, bisogna spiegare brevemente l'importanza strategica dello **stretto di Messina** all'epoca. Verso la fine del XIX secolo il Regno d'Italia aveva intrapreso significativi lavori per fortificare le coste della Sicilia e della Calabria. Tali opere non erano passate inosservate dalle altre nazioni europee, poiché il passaggio nello stretto di Messina permetteva di abbreviare il tragitto delle navi tra il **Mediterraneo** occidentale, quello orientale e **l'Adriatico**. Sebbene Francia e Italia avessero una forte vicinanza culturale, i due governi avevano interessi strategici differenti e, a seguito dell'occupazione coloniale francese nel nordafrica, lo stato italiano attribuiva grande importanza alle difese della Sicilia. Ma le spie francesi non erano le uniche ad avere interesse verso le fortificazioni italiane; secondo Enzo Caruso, autore del libro: *"Il capitano Ercolessi, la spia dei francesi"*, lo stesso governo inglese mandò degli agenti in Sicilia, tra i quali avrebbe figurato lo stesso fondatore dello scoutismo Baden-Powell.

Il processo

I quotidiani del tempo descrissero minuziosamente, per circa un anno, le vicende giudiziarie dei coniugi traditori, discutendo inoltre su quale tribunale dovesse giudicare i due. Sebbene il coinvolgimento di civili nel reato, e il fatto che lo stesso fosse stato compiuto in tempo di pace facessero rientrare la faccenda nella competenza di un tribunale ordinario, non mancarono quelli che sostenevano l'applicazione del codice militare nella sua misura più draconiana: la fucilazione.

La Stampa, nella prima pagina del 11 luglio 1904 parla di "fallimento del codice militare", poichè nello stesso manca un articolo che punisca lo spionaggio in tempo di pace.

Il 4 luglio 1905 alle ore 10:15 si aprì l'udienza alla Corte d'Assise di Messina. L'avvocato Faranda, difensore della Zona, è convinto che gli Ercolessi siano vittime della debolezza umana e della nequizia del Governo. Si oppone all'accusa di spionaggio sostenendo che i documenti siano di scarsa importanza strategico militare.

Il difensore smontò la tesi che Ercolessi fosse noto al Governo da tre anni per il trafugamento di documenti, ribadendo che se quella era la verità, lo stesso Governo avrebbe avuto la colpa per non aver preso provvedimenti.

Nella stessa udienza Faranda biasimò il contegno poco umano tenuto dagli agenti di pubblica sicurezza nei confronti della Zona; respinse quindi le accuse verso la sua cliente. L'udienza terminò alle 16:40.

La vicenda giudiziaria proseguì per una ventina di udienze spettacolari prima di arrivare al verdetto; vi furono arringhe pubbliche dove il popolo spettatore si sentì partecipe della prima, nota, **spy-story** avvenuta nel giovane Stato Italiano.

La mattina del 14 gennaio 1906, il processo si concluse con un inaspettato verdetto: probabilmente il timore del Governo di mostrare un Esercito non in grado di difendere importanti installazioni militari favorì la sentenza finale che addirittura assolse Guglielmina Zona, mentre il capitano di fanteria Ercolessi fu sì degradato ed espulso dall'esercito, ma gli venne inflitto un periodo di carcerazione relativamente breve a fronte del fatto commesso.

Paradossalmente rischiò di più il tenente dei Carabinieri **Giulio Blais**, agente del controspionaggio che incastrò Ercolessi fingendosi un agente segreto francese interessato ai documenti; infatti la difesa sostenne che l'utilizzo di agenti provocatori avrebbe indotto l'imputato al crimine.

L'epilogo

Il caso Ercolessi fu presto dimenticato, il successivo **terremoto** di Messina del 1908 seppellì molta della documentazione processuale.

Secondo quanto dichiarato dai militari ai giornalisti, le

informazioni vendute dal Capitano Ercolessi riguardavano la mobilitazione di truppe, senza tuttavia specificare alcuni dati chiave, come i punti di raccolta delle stesse e le unità di appartenenza. Si trattava quindi di dati molto generici, tali da non mettere in crisi la struttura difensiva italiana.

Ma è andata davvero così? Noi nutriamo qualche dubbio: lo spionaggio di Ercolessi del resto andava avanti da un po' di tempo, ed è probabile che, per quanto non fossero informazioni così vitali, le autorità abbiano preferito minimizzare il danno ricevuto per non dare impressione di debolezza. La vicenda Ercolessi si svolse in un'epoca dove, oltre ad interessi politici nell'affermare l'efficienza del Governo, esistevano anche forti interessi **economici** relativi ai finanziamenti per la costruzione di basi militari con il conseguente indotto; questo ci induce a pensare che forse la leggera pena inflitta agli imputati non sia dovuta alla sola magnanimità dei Giudici, ma anche a importanti questioni economico strategiche.

Di Alessandro Agrati e Edoardo Ferri

*Font*i:

www.archiviolastampa.it

https://avanti.senato.it/

https://www.mutualpass.it/post/576/1/il-caso-ercolessi

www.carabinieri.it/editoria/il-carabiniere/la-rivista/anno-2015/dicembre/spy-story-all-italiana

LA CRITTOGRAFIA NELL'ANTICHITÀ

Il bisogno di comunicare in modo sicuro nasce in contemporanea al diffondersi della scrittura; dal momento in cui un messaggio può essere trascritto e compreso da più persone, corre il rischio di venir letto da quella sbagliata.

Sono noti diversi sistemi utilizzati nell'antichità per impedire la lettura di un messaggio a chiunque non fosse il suo destinatario. Molti di questi si basavano sull'occultamento, per esempio scrivendo il testo segreto su una tavoletta di argilla e ricoprendola poi con della cera fusa; solidificatasi questa, vi si scriveva sopra un testo del tutto innocuo, dando l'idea che fosse quello reale. Si tratta però di sistemi dove la segretezza della comunicazione poteva venir messa a rischio da alcune circostanze casuali. Nel nostro caso l'esposizione della tavoletta a temperature elevate poteva far sciogliere la cera con risultati facilmente immaginabili.

Un metodo più ingegnoso è quello denominato **"scitala"** (o scitale, dal termine greco skytale = bastone) utilizzato in Grecia attorno al IV secolo a.c., la cui descrizione ci viene fornita in modo molto accurato da **Plutarco**; lo scrittore greco narra di come gli **efori** di Sparta lo utilizzassero per inviare messaggi cifrati ai comandanti militari in tempo di guerra. La scitala si compone di due bastoncini, entrambi di identico diametro e lunghezza; uno di questi viene utilizzato dal mittente per la trascrizione del messaggio, mentre l'altro è in possesso del destinatario e serve per la decodifica. Il mittente per prima cosa avvolge una striscia di papiro lunga e sottile sul suo bastone, facendo in modo che le spire siano perfettamente affiancate e non si sovrappongano, poi trascrive il messaggio nel senso della lunghezza, tracciando su ogni spira una singola lettera. Una volta giunto all'estremità, continua a scrivere il testo ruotando il bastoncino e ricominciando dalla prima spira.

Il testo così ottenuto, senza spazi tra una parola e l'altra, viene srotolato e affidato a un messaggero per la consegna; per poterlo leggere, il destinatario lo dovrà riavvolgere sul proprio bastoncino e le lettere avranno senso.

La sicurezza della scitala sta nel fatto che il testo, pur non essendo occultato, è del tutto incomprensibile a chiunque non sia in possesso di un bastoncino con l'identica lunghezza e diametro di quello del mittente. Si tratta pertanto di un vero e proprio **sistema crittografico**.

Un certo numero di storici mette in dubbio questo utilizzo della scitala, ritenendola unicamente uno strumento per consegnare messaggi in chiaro (lasciati avvolti sul bastoncino). La limitazione più grande di un sistema di comunicazione segreta del genere sarebbe stata indubbiamente la facilità con cui il papiro poteva rompersi.

Qualche secolo più tardi **Polibio** inventò un sistema per comunicare a distanza tramite l'uso di torce: la **scacchiera di Polibio** (detta anche quadrato di Polibio). Questo metodo sarà alla base di molti sistemi crittografici implementati anche in epoche più recenti.

La scacchiera originale era composta da 25 caselle; in ognuna di queste vi era una lettera dell'alfabeto greco, mentre in capo a ogni riga e colonna un numero indice forniva delle coordinate numeriche alle lettere.

Il messaggio veniva inviato utilizzando le coordinate numeriche corrispondenti a ogni lettera: per esempio la lettera A era rappresentata dalle coordinate (1-1). Per trasmettere messaggi a distanza con il sistema di Polibio, un uomo dietro a un riparo, con cinque torce alla sua sinistra e altrettante alla sua destra, avrebbe dovuto alzare al di sopra del riparo, per renderle visibili, un numero di torce alla sua sinistra pari al numero di riga e fare lo stesso con quelle alla sua destra per indicare il numero di colonna; si trattava in buona sostanza di una sorta di telegrafo ottico.

Dal punto di vista della sicurezza, la scacchiera di Polibio non è molto valida per comunicazioni riservate, tuttavia si presta facilmente ad alcune modifiche che ne migliorano significativamente l'efficacia in questo ambito, per esempio utilizzandola con una **chiave**.

L'utilizzo della chiave di cifratura sta alla base di un sistema che prende il nome dal suo utilizzatore più conosciuto: il **cifrario di Cesare**.

Secondo quanto riporta **Svetonio**, Giulio Cesare per la sua corrispondenza riservata era solito ricorrere alla cifratura, scambiando le lettere del testo con quelle di tre posizioni a sinistra nell'alfabeto; in pratica scriveva D al posto di A, utilizzando una **cifratura a chiave 3**.

Questo tipo di codice cifrato, per quanto banale, fu particolarmente utile all'epoca delle campagne miliari di Cesare in Gallia, poiché i suoi nemici non erano in grado di decifrarlo (molti di loro del resto non erano neppure capaci di leggere un testo latino in chiaro).

Prima di essere usato da Cesare, il sistema era sicuramente già conosciuto da tempo, si tratta del resto di un metodo semplice e intuitivo, basato unicamente sullo spostamento a destra o a sinistra nell'alfabeto di un certo numero di lettere.

Un ulteriore esempio di questo cifrario, sempre a quanto riporta Svetonio, venne utilizzato dal nipote di Giulio Cesare, **Ottaviano Augusto**: nel suo caso con chiave 1 (B al posto di A), ma senza ripartire da sinistra giunto alla Z, che veniva codificata con una doppia A.

I cifrari semplici come quelli appena visti sono piuttosto facili da decodificare tramite l'**analisi delle frequenze** delle lettere. Già attorno all'anno 1000 lo studioso arabo **Al-Kindi** descrisse un metodo per decifrare i messaggi in codice tenendo conto del numero di volte in cui determinate lettere compaiono nel testo. Da allora nessuno di questi cifrari è stato più sicuro; tuttavia questo tipo di codice può essere visto come la base da cui si sono evoluti i cifrari più complessi utilizzati fino ai giorni nostri.

Di Alessandro Agrati

ANTOLOGIA DE IL CIBERNETICO I

LA GUERRA INFINITA
PREFAZIONE

La genesi di questo racconto risale all'estate del 2014, anno in cui ricorreva il centenario della prima guerra mondiale. Nel giugno 1914, l'attentato a Francesco Ferdinando d'Austria fece scattare una serie di eventi, culminati nel più grande conflitto che il mondo di allora avesse mai conosciuto. Pensando a questi avvenimenti storici, mi venne l'idea di scrivere una storia di guerra.

Dall'epoca del primo conflitto mondiale a oggi, la guerra è cambiata nella forma. Al classico conflitto fra stati di simile forza è subentrato, sempre più spesso, il confronto fra eserciti statali ipertecnologici da una parte e bande di irregolari dall'altra; queste ultime, nonostante l'apparente inferiorità in armi e mezzi, riescono a portare avanti gli scontri per anni. Mentre i comandi di tutti gli eserciti del mondo pianificano da sempre guerre "brevi e vittoriose", la natura stessa dei conflitti li spinge al protrarsi per lungo tempo. La differenza sostanziale fra le forze che si fronteggiano spinge il più debole ad attuare una strategia sfuggente, ritirandosi di fronte all'avanzata dell'altro per poi colpirlo con attentati, sabotaggi e azioni di guerriglia. In questo modo, per quanto l'avversario possa conquistare un territorio, non lo potrà mai controllare del tutto. Come dice Tom, uno dei personaggi del racconto, l'obiettivo non è vincere, ma impedire all'altro di vincere.

Una cosa però non è mai cambiata della guerra: le atrocità che vi vengono commesse. Ne abbiamo molti esempi, mi basterà citare quello fornito dal conflitto arabo-israeliano (una vera guerra infinita), con razzi lanciati a caso sui centri abitati da una parte e bombardamenti "chirurgici" (che si risolvono nella distruzione di interi palazzi) dall'altra.

Parlando di guerra, è interessante esaminare i motivi che spingono gli uomini a combattersi. Nei paesi occidentali il soldato è considerato ormai una sorta di professionista che svolge un lavoro, ma non bisogna dimenticare che la guerra moderna è sempre una guerra totale, che non coinvolge solo i militari. È legittimo allora il dubbio su quale sia il "miglior combattente"; il soldato di professione, con anni di addestramento alle spalle e, si presume, non animato da particolari rancori, o l'irregolare poco o per niente addestrato, ma carico di un tale odio verso il nemico da essere pronto a tutto? E se nelle motivazioni che spingono a combattere rientrasse la mera vendetta personale?

A tutto questo ho pensato nello scrivere "La guerra infinita", ambientandolo in un immaginario paese di cultura e lingua anglosassone e inserendovi elementi che richiamano tanto le guerre del passato che quelle del presente. *Di Alessandro Agrati*

I

"Soltanto i morti hanno visto la fine della guerra"
(George Santayana)

"Quando c'è la guerra, a due cose bisogna pensare prima di tutto: in primo luogo alle scarpe, in secondo luogo alla roba da mangiare; e non viceversa, come ritiene il volgo: perché chi ha le scarpe può andare in giro a trovare da mangiare, mentre non vale l'inverso.
Ma la guerra è finita – obiettai: e la pensavo finita, come in quei mesi di tregua, in un senso molto più universale di quanto si osi pensare oggi.
– Guerra è sempre – rispose memorabilmente Mordo Nahum"

(Primo Levi, La Tregua)

Il *pick-up* arrancava sulla sconnessa strada di montagna, illuminata solo dai fanali del mezzo. Ogni tornante era una sfida per il conducente, un uomo di mezza età col viso segnato da una lunga cicatrice; al suo fianco sedeva un ragazzo, il cui sguardo a stento nascondeva l'eccitazione. Il veicolo oltrepassò con difficoltà una strettoia, le ruote provocarono piccole frane di terra dal ciglio della strada, che in quel punto si affacciava su uno strapiombo. Il conducente tirò un sospiro di sollievo: -E' fatta! Questo era il tratto più difficile, ora siamo quasi arrivati. Hai avuto paura?

-N-no! - disse il ragazzo, ma si capiva che stava mentendo.

-Ci farai l'abitudine, io sono anni che percorro strade come questa e ancora mi innervosisco. Ma ci si deve convivere con questa sensazione.

-Ti ho detto che non ho paura, Tom! E' questo il posto?

-Un attimo ancora, mancano un altro paio di curve e poi ci siamo. E comunque Sean, volevo solo dirti che è una cosa normale avere paura. Ci serve a sopravvivere.

-Io non ho paura, la paura è una cosa da codardi!

-Come vuoi tu - disse Tom, e si mise a rimuginare in silenzio.

La generazione a cui apparteneva Sean non aveva mai conosciuto la pace. Era cresciuta in fretta, indurita dalle difficoltà; nonostante la giovane età, diciannove anni appena compiuti, Sean aveva già partecipato a diversi *raid*. A Tom quel ragazzo faceva pena: tutta la sua famiglia era perita durante un bombardamento dei governativi quando lui aveva appena dodici anni. Si era unito alla causa appena quindicenne, animato dallo spirito di vendetta, ma questo non faceva di lui un vero combattente. Un uomo governato da una sola idea ossessiva finisce inevitabilmente per lasciarsi trascinare e plagiare da coloro che sanno sfruttare la sua mania. Così era avvenuto con Sean, che dava sempre retta ai più facinorosi, che spingevano allo scontro anche quando sarebbe stato più saggio evitarlo. Tom sperava che un giorno il ragazzo imparasse a pensare con la sua testa, prima che un proiettile ponesse termine per sempre alla sua esistenza.

Dopo una curva, il bosco di conifere che costeggiava la strada si diradò, lasciando intravedere le luci della città sottostante. Tom rallentò e fermò il *pick-up* in un piccolo spiazzo.

- Eccoci arrivati! Ora dammi una mano a scaricare, che quegli affari sono davvero pesanti.

Con una certa fatica, i due scaricarono dal mezzo due grosse casse rettangolari e le poggiarono per terra.

- Adesso dobbiamo portarle una per volta giù per questo sentiero - disse Tom, estraendo dalla tasca del giubbotto una minuscola torcia elettrica e illuminando un ripido sentiero che, dal ciglio della strada, scendeva verso una piccola radura.

- Ma che diav...- fece per dire Sean.

- Che c'è? Non avevi mica detto che la paura è da codardi? Seguimi e metti i piedi dove li metto io, vedrai che andrà tutto bene!

I due sollevarono una delle casse e si incamminarono giù per il sentiero, Tom faceva luce tenendo la torcia elettrica in bocca. A un tratto Sean gridò: stava per perdere l'equilibrio, ma riuscì a recuperarlo appena in tempo per non cadere.

- Cazzo! Stai attento! Cammina lateralmente, come faccio io. Prima il piede destro, poi il sinistro, prima il destro, poi il sinistro - Tom smozzicava le parole, avendo la bocca occupata.

Sean seguì il consiglio e riuscirono a scendere fino alla radura, dalla quale il grosso centro abitato, adagiato in fondo alla valle, era visibile in tutta la sua estensione. Poi ripeterono l'operazione con la seconda cassa.

Alla luce della torcia, Tom aprì le casse e ne esaminò il contenuto:

- Due *Thunderbolt* con testata a frammentazione. Questi affari faranno un bel botto!

- Già, ma come si fa a lanciarli? - domandò Sean perplesso.

- Ho fatto qualche modifica al sistema di innesco, ora ti faccio vedere - Tom trasse di tasca un cacciavite e un rotolino di cavo elettrico, poi diede la torcia a Sean - Fammi luce, questo è un lavoro un po' delicato...

Sean obbedì, mentre Tom armeggiava col cacciavite, rimuovendo una placca metallica dal corpo di uno dei missili. All'interno, uno dei cavi era stato staccato.

- Vedi quello? E' il cavo dell'accensione. Quando riceve un impulso elettrico, il missile viene lanciato. Ora dobbiamo attaccarlo a qualcosa che gli dia il segnale di partenza. Così dicendo, estrasse dalla tasca interna del giubbotto un vecchio telefono cellulare.

- Ehi Sean, a che ora la vuoi la sveglia?

- Ma che cazzo dici?

Tom ridacchiò e spiegò: - Questi vecchi telefoni hanno un dettaglio che molti ormai hanno dimenticato: se punti la sveglia e poi spegni il cellulare, questo si riaccende da solo al momento giusto per svegliarti. Praticamente sono perfetti per essere usati come detonatori!

- Questa sì che è una bella trovata! Certo che ne sai di cose, tu!

- Merito dell'età - sorrise Tom - intanto ora ne sai anche tu qualcuna di più. Allora, che dici, facciamo per le due?

Sean controllò il suo vecchio orologio da polso e approvò alzando il pollice: era mezzanotte in punto. Durante le azioni di guerriglia tutti i combattenti avevano imparato a servirsi di quei ferrivecchi per sapere che ora era, il nemico possedeva strumenti di rilevazione così potenti che un singolo cellulare dimenticato acceso gli poteva permettere di localizzare in poco tempo la posizione di una squadra.

Tom accese il vecchio cellulare, mentre Sean lo osservava con un'espressione preoccupata.

- Tranquillo! E' privo di scheda. E poi questi affari sono talmente vecchi che non funzionano più con le reti adesso in uso.

Come Tom aveva annunciato, sul display a cristalli liquidi apparve un messaggio: SCHEDA MANCANTE O GUASTA. Nonostante ciò, era possibile entrare nel menù. Pigiando un cursore, Tom fece scorrere la lista fino a selezionare la voce IMPOSTAZIONI. Si aprì un secondo menù, con molte più voci, da cui selezionò ALLARME, quindi impostò l'orario.

- Ora faremo una prova, per accertarci che il dispositivo funzioni. Punterò l'allarme per suonare fra due minuti. Così fece, poi spense l'apparecchio.

Entrambi si misero in attesa, tenendo sotto controllo i loro orologi. Allo scattare del secondo minuto l'apparecchio emise una vibrazione, il display si accese e la sveglia prese a suonare un ritmico *bip*.

- Cazzo, fallo smettere! Se ci fosse qualcuno qui nei dintorni?

- E chi diavolo vuoi che sia qui a quest'ora? Una coppietta in camporella? Qui ci siamo solo io, te e magari qualche orso che starà facendo una passeggiata!

Tom tirò fuori di tasca un altro cellulare, identico al primo. Lo passò al ragazzo dicendo: - Tieni, ora prova tu. Con questi due tasti neri qui scorri il menù, con quello centrale dai conferma. Io intanto imposto l'altro.

Sean armeggiò indeciso con l'apparecchio, selezionando alcune voci sbagliate prima di capire come si usava. Infine, dopo qualche minuto, riuscì a impostare la sveglia. Nel frattempo Tom collegò il primo cellulare al circuito di accensione del missile. Poi, con del nastro adesivo, fissò il dispositivo all'interno dell'arma, e rimise al suo posto il coperchio.

- Allora, hai finito con quell'aggeggio?

Sean gli consegnò l'altro apparecchio.

- Ma che, sei scemo? - Tom indicò il cellulare ridacchiando - E' acceso! Se lo collego così il missile ci parte fra le mani e noi finiamo arrostiti...

- Va bene, va bene. Guarda che non avevo mai usato un cellulare preistorico! Piuttosto, la tua testa di genio ha già pensato alla rampa di lancio?

- Certo che ci ho pensato. La vedi quella tettoia laggiù? - Tom illuminò con la torcia una legnaia, alta poco più di un metro e coperta da una tettoia in lamiera ondulata. Sean annuì.

Finito il lavoro con entrambi i missili, li portarono nei pressi della legnaia. Poi, cautamente, li posizionarono sulla tettoia. Gli ordigni scivolavano alla perfezione nelle scanalature. La tettoia inoltre era leggermente inclinata e sembrava rivolta proprio in direzione della città. Tom dette un'ultima occhiata al suo "capolavoro", posizionandosi in coda a uno dei missili.

- Questa legnaia è rivolta proprio verso il *Riverside Building*, dove ha sede il ministero degli interni. Con un po' di fortuna, potrebbe venire colpito. Tuttavia, l'importante è che i missili cadano sulla città. Bene, il nostro lavoro qui è finito, ora recuperiamo tutti gli arnesi e torniamo alla base!

- Ma come, non ci godiamo lo spettacolo?

Tom guardò il ragazzo sconsolato: - Ce ne sono di cose che devi ancora imparare! Lo spettacolo ce lo godremo in televisione o su internet. Stai certo che di una cosa del genere ne parleranno. Non la potranno mica nascondere come hanno fatto per il furto dei missili.

Mancavano cinque minuti all'una.

II

Lyza cambiò ancora una volta canale: sullo schermo della TV apparvero le immagini di un uomo e una donna intenti ad accoppiarsi: lei, una bionda ossigenata dai seni enormi, gemeva in modo plateale mentre le mani di lui scorrevano sui quei monumenti all'arte della chirurgia estetica; lui aveva un aspetto anonimo ma, una volta spogliatosi, poteva vantare un'inguine perfettamente depilata dove risaltava il pene in erezione. Raggiunto il punto di non ritorno, mise in mostra la sua seconda dote, che consisteva in una spiccata abilità nell'imitare il verso del coyote.

Niente da fare, a quell'ora in televisione non trasmettevano nulla d'interessante. Rassegnata, Lyza impostò la TV per connettersi in rete: voleva dare un'occhiata alle ultime notizie prima di andare a dormire. Guardò per un attimo alla finestra, dove si stagliava la sagoma illuminata del *Riverside Building*. Un piccolo drone di sorveglianza, silenziosissimo, sfrecciò sopra i tetti. Selezionò l'icona del notiziario e lo schermo si riempì della quotidiana dose di immagini di morte e distruzione. L'esercito aveva riconquistato Longfield, una delle città dell'ovest insorte due mesi prima; un video mostrava una colonna di blindati avanzare lungo una strada fiancheggiata dalle macerie. Nella periferia meridionale della città, diceva l'annunciatrice, i combattimenti erano ancora in atto. In un altro video si poteva seguire la conferenza stampa rilasciata dal generale Harlington, comandante in capo delle forze armate: uno dei giornalisti presenti chiedeva al generale quanto fosse costata, in termini di vite umane, la riconquista di Longfield. Harlington, abituato a questo genere di domande, rispondeva che l'alto numero di vittime civili era da imputarsi al fatto che i ribelli si erano serviti della popolazione come scudo, trincerandosi nei pressi di ospedali e scuole.

Le altre notizie facevano da corollario a quella principale: in un'enfasi di trionfalismo, alcuni commentatori sostenevano che, grazie alla riconquista di Longfield, le forze ribelli si sarebbero ben presto ritirate dalle altre città per non finire circondate. Alcune immagini mostravano soldati governativi intenti nel salvataggio di alcuni bambini rimasti intrappolati sotto le macerie della loro scuola, colpita dalle bombe, e la successiva riconoscenza dei genitori verso i militari.

Lyza spense la TV. Era quasi l'una e mezza, ma non aveva per niente sonno; la preoccupazione per la sorte di sua figlia Helen, che non rivedeva da quando era incominciata l'offensiva nell'ovest, non la faceva dormire. Aveva perso il marito nove anni prima in un attentato alla metropolitana e, da allora, tutti i suoi sforzi erano stati diretti a tirare su quell'unica figlia, alla quale era legatissima. Il loro rapporto si era un po' incrinato quando Helen, finiti gli studi superiori, le aveva annunciato di volersi arruolare. Per un po' di tempo Lyza aveva cercato di farle cambiare idea, ma infine aveva accettato la scelta della figlia, pur non condividendola. Certo, tramite l'esercito si aprivano diverse opportunità dopo un certo numero di anni di servizio; d'altra parte la guerra che perdurava da anni aveva seminato lutti in diverse famiglie, soprattutto tra quelle dei militari. Lyza aveva dovuto accettare che sua figlia svolgesse una professione rischiosa che la teneva lontana da lei per diverso tempo. A quest'ultimo aspetto era stato difficile abituarsi: quando Helen era coinvolta in qualche operazione, le capitava di non avere sue notizie anche per diversi giorni. Quando sua figlia ne aveva la possibilità, la chiamava e restavano a parlare al telefono anche per ore, ma questo non poteva avvenire sempre: per tutelare la segretezza delle operazioni militari, i soldati non potevano portare con sè il cellulare e telefonare a proprio piacere. Visto che da un giorno e mezzo non si era fatta sentire, Lyza sospettava che sua figlia fosse impegnata in qualche azione. Forse era proprio a Longfield, magari a bordo di uno dei blindati che aveva visto nel video entrare trionfanti in città. Oppure, era morta.

Lyza cercò di scacciare questo pensiero dalla sua testa, ma non vi riuscì; da quando Helen era partita, ogni giorno era preparata a ricevere la triste notizia. Si era perfino immaginata la scena: il telefono che suonava nel cuore della notte, lei rispondeva e dall'altra parte della linea uno sconosciuto ufficiale le comunicava, costernato, la perdita di sua figlia. Poi il funerale, la bara coperta dalla bandiera e i commilitoni di Helen che le facevano le condoglianze. L'ufficiale al comando della compagnia le avrebbe detto che sua figlia era stata il miglior soldato che mai avesse avuto ai suoi ordini. Tutti i soldati che muoiono sono i migliori, del resto.

Puntualmente, come ogni volta che queste cose le passavano per la testa, fu presa dall'angoscia; aveva bisogno di aria fresca per liberarsi da quei pensieri nefasti! Non se la sentiva di uscire per strada a quell'ora della notte ma, se fosse scesa un attimo nel giardino condominiale, si sarebbe di certo sentita meglio. Così fu: appena uscì all'aperto, l'aria fresca proveniente dalle montagne la risvegliò dai suoi cattivi pensieri. Lyza alzò gli occhi al cielo: le stelle si contavano a centinaia. Erano le piccole cose come questa che la facevano tirare avanti; aveva una bella casa, in una città dal clima salubre e poteva godere degli spettacoli offerti dalla natura. Se solo questa dannata guerra potesse mai avere fine!

Era giunta al lato opposto del giardino e si stava riavviando verso casa per andare a dormire, quando con la coda dell'occhio colse una specie di lampo. Poi fu sbalzata lontano dallo spostamento d'aria e perse i sensi.

Il *pick-up* si era ormai lasciato alle spalle i terribili tornanti, e stava percorrendo una statale quasi completamente priva di traffico. Dall'altra parte della montagna si udì come un tuono.

- Sentito che botto? Questo era il tuo! - esclamò Tom.

- Ma che diavolo vai dicendo?

- Mentre tu impostavi la sveglia alle due, io l'ho impostata un quarto d'ora dopo.

- E perchè diavolo l'hai fatto? Avevi detto alle due!

- Sì, il primo missile doveva partire alle due. Ora, se tutto è andato come si deve, nel posto dov'è caduto accorreranno la polizia, i pompieri, l'esercito e chissà cos'altro. Ho calcolato che i tempi di intervento non dovrebbero essere superiori ai quindici minuti. Quindi, quando cadrà il secondo missile ci sarà un bel po' di gente ad attenderlo.

- Cazzo! Ma le pensi proprio tutte tu! Sei un grande Tom! - Sean era visibilmente pieno d'ammirazione. Tom di colpo si incupì.

- No, che non lo sono. Quella che abbiamo commesso stanotte è stata una cosa atroce. Siamo degli assassini, Sean! Ma questa maledetta guerra non ci dà altra scelta.

- Io penso che dovremmo affrontare i nostri nemici a

viso aperto, invece di continuare a nasconderci come topi!

- Certo! Come no! Perché non lanciamo una bella offensiva in grande stile? Dammi retta, finiremmo rapidamente assediati, come è successo a Longfield. Hai visto com'è finita?

- A Longfield abbiamo dimostrato che, pur essendo meglio armati, non sono riusciti a piegare il nostro coraggio.

- Certo, ma è stata una dimostrazione piuttosto costosa per noi. Cinquecento caduti e quindici corazzati andati distrutti.

- Ma i governativi hanno avuto perdite ben superiori alle nostre!

- Insomma Sean, quello che cerco di far capire alla tua testa esaltata è che noi non ci possiamo permettere di combattere alla pari coi governativi. La sproporzione di forze è evidente ed è tutta a loro vantaggio. Hanno i carri armati, hanno gli aerei. La secessione invece ha solo gli stronzi come me e te!

- E allora cosa dovremmo fare? Arrenderci? Piegarci davanti ai governativi come quei vermi che leccano loro i piedi in cambio di qualche sacco di grano?

- Ho forse detto questo? No, nessuna resa. Solo, dobbiamo essere consapevoli che stiamo combattendo una guerra asimmetrica...

- Oh, Cristo! Ci risiamo con la stronzata della guerra aritmetica!

-Asimmetrica, ho detto asimmetrica! E non è per nulla una stronzata. Il governo ci combatte da quasi trent'anni, Sean, come credi che siamo riusciti a sopravvivere finora? Di certo non grazie ai pazzi esaltati che cercano lo scontro frontale.

- Ma se non affrontiamo i nostri nemici una volta per tutte, non potremo mai vincere questa guerra!

- Ecco, proprio questo è il tuo guaio, Sean: credi ancora alla favola della vittoria. No, ragazzo mio, il nostro obiettivo in questa guerra non è la vittoria. Il nostro scopo principale è impedire la vittoria ai nostri nemici!

Sean restò ammutolito e scosso; Tom certe volte diceva cose strane... forse poteva sembrare un po' matto, ma era pur sempre un combattente veterano. Se parlava così, non era certo per dire sciocchezze.

I due rimasero in silenzio, finchè non risuonò la seconda esplosione.

- Ed ecco il mio! - riprese Tom - Con il *raid* di stanotte abbiamo dimostrato che, pur con i nostri pochi mezzi, siamo stati in grado di colpire una delle loro città, dove si sentivano al sicuro.

Sean continuava a restare in silenzio. Tom fece un mezzo sorriso: forse era riuscito finalmente a far ragionare il ragazzo. Certo, ci sarebbero volute altre discussioni come quella ma, lo sentiva, quella notte era riuscito a far breccia nel muro di convinzioni che Sean si era costruito. Aveva fatto bene a impedire che il ragazzo fosse mandato a combattere a Longfield, chiedendo di farselo assegnare come aiutante per quella missione rischiosa all'est.

- Ehi Tom, accosta un attimo - Sean ruppe il silenzio - Mi scappa da pisciare.

III

A Longfield, il giorno dopo la fine dell'assedio, Helen si risvegliò finalmente in un vero letto, dopo notti passate a dormire nel sacco termico. Una volta entrato in città, l'esercito aveva requisito diversi edifici per poter alloggiare le truppe; al battaglione di Helen era andata bene, si era sistemato in un grosso fabbricato con una vecchia insegna che ne ricordava l'utilizzo precedente: Grand Hotel Barrymore. Il nome alludeva al monte Barrymore, il cui profilo sovrastava quel che rimaneva della città. Un tempo numerosi turisti trascorrevano a Longfield le vacanze invernali e diverse piste da sci sorgevano sul fianco della montagna; quell'epoca lontana ormai era soltanto un ricordo e la vista dei pendii ricoperti da fitti boschi di conifere a Helen faceva solo pensare che là, da qualche parte, i ribelli erano in agguato. L'assedio era durato diciotto giorni, durante i quali i nemici non avevano lasciato nulla di intentato; l'esercito aveva dovuto stanarli casa per casa, con grande dispendio di forze e subendo numerose perdite. Tutta un'altra situazione insomma, rispetto alla "passeggiata" che, secondo gli ottimistici pronostici degli alti papaveri, doveva essere la riconquista di Longfield.

La routine giornaliera di Helen iniziava all'alba, con la sveglia e mezz'ora di esercizi ginnici; finita la ginnastica, doccia e poi colazione. Il giorno prima avevano allestito a tempo di record una sala mensa coi fiocchi, utilizzando la sala ristorante dell'hotel e dotandola di tutte le comodità. Helen passò alla macchinetta del caffè e se ne preparò una tazza, aggiungendo un po' di latte. Al bancone del buffet prese uno yogurt e riempì una scodella di cereali, poi andò a sedersi per mangiare. Non aveva ancora finito di bere il caffé, che di colpo in sala mensa calò il silenzio. Dal grosso schermo televisivo appeso alla parete si udì l'inconfondibile sigla del notiziario:

- INTERROMPIAMO LE TRASMISSIONI ABITUALI PER COMUNICARE UN EVENTO DELLA PIU' ESTREMA GRAVITA'. LE NOTIZIE SONO ANCORA FRAMMENTARIE, MA SEMBREREBBE CHE NEL CORSO DELLA NOTTE DEI RAZZI SI SIANO ABBATTUTI SULLA CITTA' DI KIMBERLEY, COLPENDO DUE EDIFICI RESIDENZIALI.

Helen alzò gli occhi allo schermo.

- ANCORA INCERTO IL BILANCIO DELLE VITTIME, MA SI PARLA DI DECINE DI MORTI E FERITI. UNO DEGLI EDIFICI, CENTRATO IN PIENO, E' STATO RASO AL SUOLO DALL'ESPLOSIONE! ANCHE TRA I SOCCORRITORI CI SAREBBERO DELLE VITTIME. ORA PASSIAMO LA LINEA AL NOSTRO CORRISPONDENTE IN LOCO. DWIGHT, MI SENTI?

Dwight, un uomo sulla quarantina con una pancia prominente, rispose:

- SI' JOHN, FORTE E CHIARO! ALLORA PARE CHE DIVERSI TESTIMONI ABBIANO VISTO GLI ORDIGNI CADERE SULLA CITTA'. I RAZZI, SECONDO LE TESTIMONIANZE, SAREBBERO ARRIVATI A DISTANZA DI ALCUNI MINUTI L'UNO DALL'ALTRO. MA VEDIAMO IL SERVIZIO CHE ABBIAMO PREPARATO.

Un anziano e un bambino sui sette anni, nonno e nipote, raccontavano di come, appassionati di astronomia, stavano osservando il cielo stellato. Improvvisamente un oggetto luminoso era passato ad altissima velocità, ne avevano udito il rumore (come quello di un aereo supersonico, specificava il bimbo) e, infine, l'esplosione.

La seconda testimonianza era fornita da una ragazza che, la notte prima, stava partecipando a una festa con altri amici. Di colpo avevano sentito un forte boato e si erano affacciati al terrazzo per vedere cos'era successo; dall'appartamento, situato al decimo piano, si vedeva chiaramente il luogo dell'impatto e uno dei ragazzi si era messo filmare col cellulare. Mentre stavano osservando la scena, era arrivato il secondo razzo. Il servizio poi mostrava le immagini riprese col cellulare: un edificio era in fiamme e si distinguevano i lampeggianti dei mezzi di soccorso impegnati nello spegnimento. Poi un oggetto luminoso colpiva un palazzo nelle vicinanze, scatenando un'enorme esplosione, e si udivano le esclamazioni dei ragazzi. Il video fu fatto rivedere al rallentatore, col razzo evidenziato da un cerchiolino rosso.

- DWIGHT, TI DOBBIAMO INTERROMPERE PER LEGGERE AI TELESPETTATORI UN COMUNICATO DA PARTE DEL PRESIDENTE PROUDMOORE!

IL PRESIDENTE DELLA REPUBBLICA HA ESPRESSO, A NOME DI TUTTE LE ISTITUZIONI, IL MASSIMO SDEGNO PER QUESTO BARBARO ATTACCO TERRORISTICO, GARANTENDO CHE L'IMPEGNO NELLA LOTTA CONTRO I GRUPPI DI ESTREMISTI CHE VOGLIONO DIVIDERE IL PAESE VERRA' RADDOPPIATO. QUINDI HA ASSICURATO AI CITTADINI CHE GLI AUTORI DELL'ATTENTATO SARANNO OGGETTO DI PENE ESEMPLARI.

La linea ripassò quindi a Dwight: le immagini ora mostravano il luogo dell'impatto come si presentava attualmente, a incendio ormai domato. Cumuli di macerie fumanti erano tutto quello che rimaneva di un piccolo edificio, poi l'inquadratura si spostò su una palazzina con la facciata sventrata dall'esplosione; Helen la riconobbe: era casa sua...

Una forte luce le colpì gli occhi, contraendole il viso.

Si sentiva strana: poco prima stava camminando in una stupenda valle. Un torrente scrosciava tra i massi e le rive erano ricoperte dai fiori. E ora invece dov'era? Vedeva il soffitto bianco di una camera bianca; la luce arrivava da un'ampia finestra alla sua destra. Una giovane donna, vestita di bianco e con la bocca coperta da una mascherina, le si avvicinò.

- Dottore! Venga, la paziente si è risvegliata!

Si avvicinò un uomo sulla trentina, vestito in modo identico. Le puntò una torcia elettrica negli occhi e lei strizzò le palpebre.

- Signora, riesce a sentirmi?

La donna fissò il medico per una frazione di secondo, poi il suo sguardo riprese a vagare nel vuoto.

Il medico provò di nuovo, ma non ottenne alcuna risposta.

- Non ci sente, forse – disse l'infermiera.

- Le sue orecchie sono a posto, ma alcune delle sue funzioni cerebrali potrebbero aver subito danni...

Mentre parlavano, la donna provò improvvisamente a muovere un braccio, ma l'arto le ricadde pesantemente.

- Provi a muovere per prima cosa le dita – l'infermiera le parlava, anche se non era convinta che la paziente potesse sentirla o comprenderla. Le prese le dita e gliele mosse, sperando che la paziente capisse e provasse da sola. Dopo alcuni secondi la donna sembrò comprendere e iniziò a muovere le dita di entrambe le mani.

- Dopo tutto questo tempo in coma farmacologico, deve avere i muscoli tutti intorpiditi! Prima di poter fare qualche movimento serio deve iniziare con quelli più semplici.

La paziente lanciò un grido, poi il suo sguardo si fissò sull'infermiera: aveva gli occhi sgranati dal panico.

- Chi siete! Cosa ci faccio qui?

- Ma parla?! - il medico e l'infermiera restarono di sasso, poi lui le si rivolse in tono paterno:

- Signora stia tranquilla, va tutto bene. Lei si trova in ospedale, le è capitato un att...un incidente, nel quale ha sbattuto violentemente la testa. Ma ora va molto meglio...Come si sente?

La donna lo guardò, poi sembrò tranquillizzarsi.

- Non riesco a muovermi! - disse

- Deve avere un po' di pazienza, continui a muovere le dita delle mani, come stava facendo prima. Vedrà che fra breve riuscirà a muovere le braccia.

La paziente obbedì.

Bene, bene. Provi con quelle dei piedi. Mi saprebbe dire il suo nome? Non le abbiamo trovato documenti addosso...

- Il mio nome. Ma certo, il mio nome è...

Non se lo ricordava.

Il medico rimase perplesso. Poi aggiunse:

- Riesce a ricordare se ha dei familiari? Un marito, dei figli? Qualcuno che potremmo chiamare...

- Non lo ricordo! - la donna tornò a sgranare gli occhi di paura – Non ricordo niente!

- Non si agiti...la prego!

Sotto l'impeto del panico, le forze le tornarono di colpo: riuscì a muovere una gamba, poi l'altra, agitandosi sul lettino.

- Presto, vada a chiamare qualcuno! - disse il medico all'infermiera – la paziente ha una crisi!

La donna cercò di mettersi a sedere: solo allora notò che aveva delle ventose appiccicate in varie parti del corpo, dalle quali se ne partivano dei fili collegati a uno strano macchinario accostato alla parete. Un tubicino le partiva dal braccio destro e terminava attaccato a un sacchetto, appeso sopra al letto. Un pensiero le si fece strada nella testa: l'avevano imprigionata e volevano usarla come cavia per chissà quale esperimento. Doveva fuggire!

Cercò di strapparsi le ventose, ma le braccia non si muovevano ancora bene. All'improvviso perse l'equilibrio e cadde dal letto, facendo un gran rumore; in preda al panico, si mise a strillare. Il medico, non aspettandosi una tale reazione, rimase inebetito. Accorsero degli altri infermieri, che cercarono di rimetterla sul lettino.

- Ma signora, cos'è successo? Sta bene?

- Lasciatemi! Lasciatemi!!!

- Signora, stia calma, la voglio solo aiutare!

La donna mulinava le braccia per mandar via l'infermiere, tentando nel frattempo di alzarsi in piedi. Accorse altro personale, richiamato dalle urla.

- Andate via!!!

- Ma cosa le succede? Se si agita così, rischia di farsi male.

- E' caduta dal letto!?

- La paziente ha un attacco di panico – disse il dottore - Cerchiamo di rimetterla sul letto.

- Noooo! Lasciatemi!!!

- Non riesco a prenderla, datemi una mano!

Una gomitata della donna colpì violentemente il volto di un infermiere.

- Aaargh! Ma che diavolo! E' impazzita?

- Forse è meglio iniettarle un sedativo, altrimenti

rischia di farsi male sul serio.

- Qua non è solo lei quella che si fa male!

- Sediamola!

Sentì una puntura alla gamba destra, poi la vista le si annebbiò...

Quando tutto tornò alla calma, il medico monitorò l'attività cerebrale registrata dalla macchina: il grafico registrava uno strano picco, proprio prima che la donna iniziasse a strapparsi gli elettrodi.

- Dottore - rientrò in sala la giovane infermiera - forse abbiamo scoperto l'identità della paziente!

- Questa è una notizia! E chi sarebbe?

- Ieri sera una soldatessa di stanza a Longfield ha denunciato alla polizia la scomparsa della madre, Lyza Barrens. Abitava in uno degli edifici colpiti. Potrebbe essere lei.

- E' molto probabile!

- Segnaliamo alla polizia che la persona scomparsa potrebbe trovarsi qui da noi, così contatteranno la figlia.

- E' la cosa migliore che possiamo fare. Purtroppo la situazione della paziente non è per nulla facile...

IV

Il fuoristrada correva veloce, divorando l'asfalto. Il soldato che lo guidava aveva la mania per la velocità, ma a Helen sembrava di andare pianissimo quando pensava ai chilometri che ancora la separavano da Kimberley. La giornata precedente, da quando era venuta a conoscenza dell'attentato, era stata la peggiore della sua vita. Sua madre era sempre stata un sostegno, la più grande amica e confidente, ed Helen nutriva per lei una sconfinata ammirazione. Lyza era una donna combattiva che, nonostante l'enorme dolore per la perdita del marito, aveva saputo mandare avanti la famiglia con le sue sole forze. Voleva essere forte come lei, questo era il motivo che l'aveva spinta a intraprendere la carriera militare; durante l'addestramento aveva imparato a difendersi dai suoi commilitoni maschi, che pensavano di poter metter le mani dove volevano. Helen non si era fatta spaventare, e aveva fatto capire loro che quelle mani potevano anche rompersi. Ma di fronte all'idea che a sua madre potesse essere accaduto qualcosa di grave, Helen si era sentita debole oltre ogni limite. L'aveva chiamata diverse volte al cellulare, ma l'apparecchio risultava sempre irraggiungibile. Aveva quindi chiamato dei conoscenti, ma nessuno era stato in grado di darle notizie che potessero rassicurarla. Poi era stata costretta a interrompere le telefonate, poiché doveva uscire di pattuglia. La zona della città assegnatale era piuttosto tranquilla, ma ancora si udiva in lontananza il crepitare delle armi automatiche. Helen però non aveva avuto paura di essere uccisa: nella sua testa, il pensiero principale era un altro. Tornata alla base, aveva subito controllato il cellulare, ma l'apparecchio non aveva ricevuto alcuna chiamata. Divorata dall'ansia, si era quindi decisa a spiegare la situazione ai suoi superiori, dai quali fu consigliata di denunciare la scomparsa della madre alla polizia. Per tutta la giornata le notizie sull'attacco erano state poco precise, solo verso sera in televisione veniva comunicato un primo parziale elenco delle vittime, comprendente diciassette morti identificati. Sua madre non era fra questi, ma restavano ancora cinque salme in attesa di riconoscimento, oltre a decine di feriti ricoverati in vari ospedali cittadini. Helen si aggrappava ora alla speranza che sua madre fosse ancora viva.

Essendo l'unica parente, le era stata concessa una licenza per andare a Kimberley a fare ricerche negli ospedali o, nel caso peggiore, riconoscere le spoglie di sua madre. Era partita la mattina presto, diretta all'aeroporto di Muster, distante quasi trecento chilometri dalla zona dei combattimenti. Da lì avrebbe dovuto imbarcarsi sul primo volo per Kimberley.

Il soldato con cui viaggiava aveva cercato di essere gentile vista la situazione, ma forse era un po' troppo invadente e a lei non andava di chiacchierare. Lungo la strada erano visibili le tracce dei recenti scontri: carcasse di vari veicoli, semi-annerite dalle fiamme, erano accatastate in un dirupo a lato della carreggiata. Tra questi si distingueva un carro armato catturato dai ribelli e usato durante gli scontri, con la bandiera secessionista dipinta sulla fiancata.

Helen riprovò a chiamare il cellulare di sua madre e ancora gli rispose l'avviso di apparecchio irraggiungibile.

- Cerca di rilassarti – volle rassicurarla il soldato alla guida - Vedrai che le cose non sono andate come ti immagini.

- Non era mai successo che non mi richiamasse...

- Ci possono essere diversi motivi per cui il cellulare risulta irraggiungibile, credimi.

Helen rimase in silenzio: non era dell'umore giusto per intrattenere conversazione. Il soldato capì e accese la radio. Una stazione trasmetteva musica pop, che suonava inverosimile mentre scorreva quel paesaggio di distruzione. Di colpo la musica si interruppe per lasciar posto al notiziario:

- TRASMETTIAMO GLI ULTIMI AGGIORNAMENTI SULL'ATTENTATO A KIMBERLEY. GLI ESPERTI DI BALISTICA HANNO IDENTIFICATO GLI ORDIGNI UTILIZZATI: SI TRATTEREBBE DI MISSILI

ARIA-ARIA *THUNDERBOLT*, CHE ABITUALMENTE EQUIPAGGIANO GLI AEREI DA COMBATTIMENTO. IL LANCIO E' AVVENUTO ATTRAVERSO LA MODIFICA DEL SISTEMA DI INNESCO. CI SI CHIEDE COME SIA STATO POSSIBILE PER I RIBELLI ENTRARE IN POSSESSO DI ARMI DEL GENERE. INTANTO PROSEGUE IL RICONOSCIMENTO DEI CORPI ESTRATTI DALLE MACERIE; IL CONTO UFFICIALE DEI DECEDUTI AMMONTA A VENTITRE PERSONE, DELLE QUALI RESTANO ANCORA DUE SALME DA IDENTIFICARE. SI TRATTEREBBE DI DUE SOGGETTI DI SESSO MASCHILE, PER I QUALI ANCORA NESSUNO HA DENUNCIATO LA SCOMPARSA. SECONDO UNA PRIMA STIMA, IL NUMERO DEI FERITI AMMONTA INVECE A QUARANTUNO PERSONE, OTTO DELLE QUALI IN CONDIZIONI GRAVISSIME.

- Beh, sembra che tua madre non ci sia, tra i morti...

Helen si coprì la faccia con la mano.

Tom spense la radio, mentre la voce del presidente Proudmoore vi gracchiava, scandendo minacce rivolte ai secessionisti.

- Hai sentito come si è incazzato quel vecchio serpente di Proudmoore quando gli abbiamo pestato la coda? Adesso gli sarà difficile giustificare agli elettori cosa è andato storto nel suo programma "Sicurezza per tutti".

- Tom, secondo te ora che cosa faranno?

- Difficile prevederlo. Forse intensificheranno per qualche giorno gli attacchi aerei sulle montagne o sui boschi dove ci credono nascosti. Ma quello che conta è che non si sentano più sicuri nelle loro case. Per anni e anni tutto il peso della guerra è stato sentito solo da noi. Le città dell'est, come Kimberley, hanno continuato a vivere come se niente fosse. E' facile fare la guerra senza vederne gli effetti: per anni si sono riempiti la pancia e sono andati a divertirsi nei locali notturni, adesso invece tremano all'eventualità di essere colpiti all'improvviso. Ora sanno cosa vuol dire aver paura della guerra.

- Anche loro devono provare le sofferenze che proviamo noi! Ma saranno necessari altri *raid* come questo, allora.

- E' probabile Sean. Dipende da come il consiglio di guerra si esprimerà sull'esito di questa operazione.

Dopo dieci ore di viaggio avevano nuovamente abbandonato le strade principali, ora che si stavano avvicinando alla zona dei combattimenti. Al tramonto, l'inconfondibile profilo del Monte Barrymore si intravedeva in lontananza.

- Eccolo la, il caro vecchio Barrymore! Un paio d'ore

e siamo alla base.

Sean prese dal cassetto portaoggetti una lattina di birra, l'aprì e ne bevve una lunga sorsata, poi la passò a Tom.

- All'Ovest libero! E ai nostri caduti! - brindarono.

Il paesaggio cominciava a mostrare i segni dell'abbandono: la strada era in uno stato pietoso, con larghe buche nell'asfalto simili a crateri, mentre i campi agricoli che la fiancheggiavano erano incolti da tempo, disseminati di erbacce e con le fattorie in rovina. La zona era stata abbandonata nel corso dei primi anni di guerra e i contadini non avevano più fatto ritorno. In certi tratti l'asfalto era così sconnesso che la strada diventava uno sterrato a tutti gli effetti e il mezzo guidato da Tom vi passava sopra sollevando nuvolette di polvere.

Più avanti attraversarono una sorta di paese fantasma, un piccolo centro abitato che si era trovato sulla linea del fronte e i cui abitanti avevano preferito lasciare le loro case per trasferirsi in zone più sicure. Molte abitazioni mostravano i segni lasciati dai proiettili e dalle bombe. Tom conosceva bene quella strada e ricordava ogni dettaglio del paesaggio, perciò fu insospettito dalle tracce presenti su uno degli edifici a lato della strada. Sembrava che un grosso veicolo vi fosse passato prendendolo di striscio e facendo crollare parte del muro. La strada, del resto, mostrava inequivocabilmente le tracce lasciate dai cingoli.

- Questi segni può averli lasciati solo un carro armato... e non c'erano quando siamo passati da qui all'andata, tre giorni fa. Non mi piace, dobbiamo abbandonare la strada appena possiamo.

La strada, appena fuori dal villaggio abbandonato, effettuava una curva lungo il fianco di una collina. Quando il *pick-up* finì di percorrerla, si trovò su un tratto rettilineo. A circa cento metri si vedevano delle luci di lampeggianti.

- Ehi Tom, guarda la! Cosa sono quelle luci?

- Merda! Un posto di blocco!

V

Mentre Helen era in aeroporto, in attesa di potersi imbarcare, il cellulare squillò improvvisamente.

- La signora Helen Cohen?

- Sì, sono io.

- Qui è il dipartimento di polizia di Kimberley. La chiamiamo per quanto riguarda sua madre.

Il cuore le batteva all'impazzata quando rispose: - Mi dica pure!

- Signora Cohen, ci hanno comunicato che all'ospedale civile di Kimberley si trova una donna che corrisponderebbe alla sua descrizione. Dovrebbe recarsi lì a verificarne l'identità...

La prima reazione di Helen fu quella di sentirsi subito sollevata: sua madre si trovava in ospedale, quindi il peggio non era accaduto. Dopo breve tempo però si incominciò a preoccupare per lo stato di salute di lei, del quale la polizia non aveva potuto dirgli nulla. Ma avevano parlato di "verificare l'identità"... sua madre poteva essere in coma, a lottare tra la vita e la morte! Oppure poteva aver subito lesioni tali da renderle la vita completamente diversa; la gente di solito non sopravvive agli attentati riportando solo sbucciature... e se poi invece si fossero sbagliati e la persona ricoverata fosse qualcun'altra? Chiamò l'ospedale, ma la linea era intasata di telefonate e, prima che si liberasse, l'altoparlante annunciò l'inizio delle operazioni d'imbarco, costringendo Helen ad accodarsi agli altri viaggiatori per salire sull'aereo. Prima della partenza provò a fare ancora un tentativo, ma venne ripresa da una *hostess* che le chiese di spegnere il cellulare.

Durante il volo le preoccupazioni tornarono a tormentarla. Era stanca per il lungo viaggio in auto e l'attesa in aeroporto, ma l'ansia la divorava e non le permetteva di riposare. Non vedeva l'ora di arrivare per capire quale situazione avrebbe dovuto affrontare.

Atterrò a Kimberley che era già buio, prese un taxi e si fece portare in un albergo presso il quale aveva prenotato una stanza. Una volta lì cercò di prendere sonno, ma vi riuscì solo alle prime luci dell'alba.

Appena sveglia, il suo primo pensiero fu di chiamare l'ospedale; dopo un'estenuante attesa, ascoltando diverse volte la musica registrata e il ritornello che invitava a restare in linea, dall'altro capo della linea rispose una voce femminile:

- Ospedale civile di Kimberley, buongiorno!

- Buongiorno, sono Helen Cohen. Sono stata avvisata dalla polizia perché da voi c'è una paziente che potrebbe essere mia madre. Abitava in una della case colpite nell'attentato e...

- Signora Cohen, un attimo solo...- e ripartì la musica d'attesa. Dopo breve tempo per fortuna, la *receptionist* tornò all'apparecchio:

- Ho parlato col medico che si sta occupando di lei, ha detto che potrebbe venire questo pomeriggio verso le quattro per identificarla.

- Va bene, ma qual è il suo stato di salute? Come mai non è stata identificata?

- Mi dispiace signora Cohen, ma deve parlare col dottore di queste cose. Non sono autorizzata...

- Capisco, capisco. Verrò alle quattro allora.

Quando chiuse la chiamata, ebbe la certezza che la situazione di sua madre non fosse per niente buona.

- Cristo Tom! Torniamo indietro!

- Non possiamo... se invertiamo rotta quelli fiuteranno qualcosa, chiameranno rinforzi e ci saranno subito addosso. Dobbiamo andargli incontro, e sperare che tutto vada bene.

Tom aprì il cassetto portaoggetti del mezzo, dove si trovava una mitraglietta *spitfire* con alcuni caricatori. Tolse la sicura e la mise a portata di mano. Intanto degli agenti di polizia dal posto di blocco facevano cenno di fermarsi.

- Sean, lascia parlare me. Se però le cose si mettono male, dobbiamo essere pronti a tutto!

Sean tolse la sicura alla sua pistola. Al posto di blocco erano ferme due auto della polizia e una camionetta dell'esercito. Fuori dalla sede stradale, in un campo agricolo abbandonato, stazionava il carro armato responsabile delle tracce notate da Tom. Un militare si affacciava dalla torretta, osservando la strada.

Il pick-up rallentò e accostò al lato della strada. Un agente di polizia si avvicinò:

- Buonasera. Potreste favorirmi i vostri documenti?

Tom glieli consegnò, mentre l'agente aggiunse:

- Posso chiedervi cosa ci fate da queste parti? Lo sapete che questa zona è pericolosa? Sono in corso dei combattimenti.

- Sì agente, lo sappiamo. - rispose Tom - Vede il fatto è che io anni fa ho abbandonato la mia fattoria qui e allora, nell'attesa che questi fottuti ribelli vengano sconfitti, ogni tanto vengo con mio figlio a controllare la situazione.

Tom aveva parlato usando uno *slang* tipico di quella zona.

- Non possiamo farvi procedere oltre, l'area è troppo pericolosa al momento.

- Ma agente, abbiamo fatto tanta di quella strada per venire qui! Arriviamo da Buckley.

Buckey era una città di provincia dove si erano

trasferiti molti degli agricoltori provenienti dalle zone dei combattimenti. La spegazione di Tom era verosimile.

- Mi dispiace, niente da fare. Tornerete un'altra volta.

- E va bene. Che diavolo però!

L'agente addetto al controllo documenti ci stava mettendo troppo. Tom sapeva che, quando il controllo durava più di cinque minuti, non si stavano limitando alle formalità, ma stavano verificando con attenzione l'autenticità dei documenti. Tutto ciò non voleva dire niente di buono per chi aveva documenti falsi.

Tom fece un cenno col capo a Sean, segnalandosi di tenersi pronto. Avrebbe tentato qualcosa per sfuggire al posto di blocco. Già, ma cosa?

- Ehi agente, mi dica: ci farebbe passare se avessimo il lasciapassare, vero?

- Ma che diamine sta dicendo? Qui non facciamo passare nessun civile! E' troppo rischioso!

- Eh, peccato, perché noi avevamo il nostro bel lasciapassare. Non volete vederlo?

L'agente ebbe un attimo di perplessità e si rivolse al collega impegnato nel controllo documenti, chiedendogli se ne sapesse qualcosa su un lasciapassare.

Anche il collega sembrò perplesso, poi si

avvicinarono entrambi al *pick-up*.

- Possiamo vedere il vostro lasciapassare?

- Ma certo! - disse Tom, prendendo la mitraglietta e puntandola in faccia all'agente: - Ecco il mio lasciapassare! - e aprì il fuoco.

Sean estrasse la pistola dal giubbotto e iniziò a sparare contro gli agenti e i militari fermi vicino alle macchine. Il posto di blocco fu gettato nello scompiglio.

Tom ripartì a razzo, travolgendo un soldato che aveva davanti. Nel frattempo continuava a sparare raffiche dal finestrino, cercando di colpire l'osservatore del carro armato, che però fu svelto a rintanarsi nello scafo corazzato del veicolo. La torretta ruotò, puntando il cannone nella loro direzione.

- Cazzo! Cazzo! - gridò Sean - Leviamoci dalle palle!

Tom cercava di accelerare il più possibile, a breve c'era una galleria e forse sarebbero stati in salvo...

Il terreno alla loro sinistra esplose di colpo, il *pick-up* si sollevò sul lato destro, percorrendo alcuni metri in quella posizione, poi infine si ribaltò. Tom morì sul colpo, raggiunto da diverse schegge della granata, Sean invece fu sbalzato fuori dal veicolo, restando cosciente giusto il tempo per accorgersi che stava morendo. Poi si sfracellò per terra e tutto finì per sempre.

Helen sedeva a lato del letto dove giaceva sua madre, tenendole la mano e provando a parlarle. Lei era cosciente, ma il suo sguardo era perso nel vuoto. Ogni tanto mormorava qualcosa: frammenti di discorsi e parole che arrivavano da qualche parte della sua mente. Un infermiere entrò in sala, avvisando Helen che, se voleva, era possibile portare sua madre in giardino. Lyza venne fatta alzare dal letto e fu messa a sedere su una sedia a rotelle. Poi sua figlia la accompagnò in giardino a fare la quotidiana passeggiata del pomeriggio.

Quello era il settimo giorno che Helen trascorreva così, cercando di stare accanto alla madre il più possibile. I medici purtroppo imponevano dei limiti agli orari di visita e presto sarebbe venuto il momento di ripartire per il fronte.

Secondo i medici, la situazione di Lyza era stabile, ma non ci si potevano aspettare miglioramenti: il trauma subito alla testa le aveva portato via la memoria ed essa era condannata a vivere in una specie di limbo, nel quale i ricordi si avvicendavano liberamente, senza alcun ordine razionale. Alternava questo stato a fasi di temporaneo risveglio che la portavano a comprendere in tutto o in parte ciò che le veniva detto. In quei momenti però era facilmente soggetta ad attacchi di panico, scatenati dalla vista di oggetti o delle persone più svariate.

Lyza poteva ancora muoversi e camminare ma, considerata la sua situazione, questo era ben lontano dall'essere un vantaggio. Non avendo più il senso dell'equilibrio, poteva cadere improvvisamente e per medici era molto più sicuro farla restare nella sua stanza. Helen aveva insistito per portarla nel giardino con la sedia a rotelle, ricordando come a sua madre fosse sempre piaciuto passeggiare all'aria aperta. Sperava che in tal modo gli stimoli provenienti dall'esterno le avrebbero risvegliato la memoria, ma dopo alcuni giorni fu chiaro che di progressi non se ne vedevano. Da quando era arrivata, sua madre non era stata in grado di riconoscerla neppure nei momenti in cui aveva degli sprazzi di lucidità.

Aveva provato a ricordarle eventi della vita passata, ma era tutto inutile. Si trovava davanti a una persona che ormai di sua madre aveva solo le fattezze.

Venne infine il momento di ripartire. La guerra continuava e la dose di dolore che aveva dispensato a Helen era stata sufficiente a marchiarla per sempre; la donna che rientrava alla base era molto diversa da quella che ne era partita.

EPILOGO (due anni dopo)

Buio. Il sacco di tela che gli avevano messo in testa non permetteva di vedere nulla. Con la bocca, i polsi e le caviglie stretti dal nastro adesivo era incapace di muoversi. Attorno a se sentiva rumori e urla di dolore, provenienti da altre stanze. Poi sentì risuonare dei passi, sempre più vicini...

Quando gli tolsero il sacco, raggi di luce trapassarono le sue pupille come mille aghi.

- Buongiorno figlio di puttana!

L'uomo che aveva parlato rincarò il saluto con uno schiaffo sulla guancia destra. Era un uomo ben piantato, con le braccia nerborute e piene di tatuaggi. Il viso era coperto da un passamontagna.

Scosse la faccia, che gli doleva per la percossa, ma sapeva che ne sarebbero arrivate altre. Si trovava in una piccola sala illuminata da una luce al neon. Oltre all'uomo che lo aveva colpito, ce n'era un secondo appoggiato alla parete, di corporatura più esile. Quest'ultimo lo fissava intensamente, con gli occhi che il passamontagna lasciava intravedere. Poi disse:

- Guarda Nick, sembra che voglia dirci qualcosa...- la sua voce suonava un po' strana, quasi da adolescente.

- Ah sì? Sentiamo allora. Ehi tu, testa di cazzo! Hai detto qualcosa?

Mugugnò e un altro schiaffo lo colpì sulla guancia sinistra.

- Non ho sentito! Parla più forte, topo di fogna!

- Nick, che ne dici, forse dovremmo togliergli il nastro... se no il nostro amico qua finisce che perde la voce a furia di gridare.

- Eh sì, credo proprio che tu abbia ragione...

Lo strappo improvviso del nastro adesivo dalla bocca lo fece urlare di dolore.

- Ecco! Ora si che ti si sente bene! - disse Nick sogghignando.

- Allora stronzetto – disse il secondo uomo, prendendolo prima per la gola, poi avvicinandosi al suo orecchio per sussurrargli – I tipi come te di solito li ammazziamo subito e ce ne dimentichiamo un minuto dopo. Tu però sei un bastardo fortunato e potresti anche salvarti la pelle... si dice che tu sappia dove si nasconda Rick Mason, quello stronzo che organizza i dirottamenti. E' vero o no?

Il prigioniero rimase muto.

- Che, non ci senti forse? O forse vuoi che ci spieghiamo meglio? Nick pensaci tu! - e così dicendo mollò un calcio sulle costole all'interrogato, facendolo cadere a terra.

Nick sollevò di peso la vittima e la scaricò su una specie di lettino. Poi la legò strettamente a questo con delle cinghie. Il lettino fu inclinato in modo che il prigioniero si trovasse con le gambe più in alto della testa.

- Puzzate proprio come topi di fogna voialtri secessionisti. E' ora di lavarsi la faccia!

Con una specie di innaffiatoio Nick gli versò dell'acqua in faccia. Fu come essere sommersi senza aver trattenuto il fiato: il liquido gli entro nel naso e nella bocca, facendolo tossire e impedendogli di respirare.

- Dove si trova Mason? Parla!

La vittima rispose solo con qualche colpo di tosse.

- Sembrerebbe che il nostro amico voglia fare l'eroe...

- Oh oh! Abbiamo un eroe tra noi e non lo sapevamo! Ecco il prossimo martire della causa secessionista!

E Nick passò al secondo *round*.

Il prigioniero dimostrò di essere un osso duro, ma nessuno riesce a resistere troppo a lungo a questo genere di tortura. Prima che Nick iniziasse il terzo *round*, con la voce rotta dalla tosse, parlò.

Ci mise una mezz'ora buona a dire tutto ciò che sapeva, perché, è risaputo, quando ci si vuole salvare la vita, si diventa loquaci.

Quando ebbe finito, I due aguzzini si guardarono soddisfatti:

- Bene, sembrerebbe che abbiamo finito – disse Nick al compare.

- Si, quasi. Rimane solo un'ultima cosa da fare...

- Ah sì, Helen. Vi lascio soli allora.

Nick uscì dalla cella e si allontanò nel corridoio, facendo risuonare i suoi passi sul pavimento e contandoli mentalmente. Fu al decimo che udì lo sparo.

AUTORI

Alessandro Agrati, impiegato da anni nel settore assicurativo. Appassionato lettore da sempre, si è cimentato anche nella scrittura di racconti, pubblicandone una raccolta in formato elettronico, dal titolo "L'ultimo esperimento di Von Heisenberg" (Meligrana Editore, 2015).
Si è occupato principalmente della correzione delle bozze per gli articoli del Cibernetico.
Nutrendo un forte interesse per cronaca, storia e questioni internazionali, scrive inoltre articoli su queste tematiche.

Marco Costantino, informatico, attualmente lavora come sviluppatore per una delle piattaforme di riferimento italiano nell'ambito Digital Health. Nel tempo libero ama sviluppare software innovativi e si tiene aggiornato nel settore della finanza tecnologica. Per Il Cibernetico segue l'evoluzione del mondo delle criptovalute. Appassionato da sempre di astronomia e trasmissioni satellitari, sperimenta metodi non convenzionali di scambio di informazioni.

Edoardo Ferri, Consulente Tecnico Forense, esercita la libera professione come Perito Informatico.
Consulente Tecnico del Giudice presso il Tribunale di Pavia si occupa di fornire consulenza nei settori dell' informatica forense e delle operazioni di analisi delle fonti aperte (Open Source Intelligence) in ausilio alle indagini difensive. Per Il Cibernetico scrive di storia della sicurezza delle informazioni e tecnologia.

Giuseppe Principato, perito informatico, lavora da anni nel settore delle telecomunicazioni. Esperto di gestione di sistemi VoIP e routing per clienti business, attualmente è Impiegato in una delle principali aziende italiane di telefonia. Appassionato di informatica, scrive di videogame e presunti fenomeni paranormali.

Ilaria Maria Villari, linguista, è account manager nel mondo dell'healthcare e dell'industria farmaceutica.
Nello specifico, si occupa di gestire e supervisionare progetti di marketing e Digital marketing, sia su scala nazionale che internazionale. Per il Cibernetico scrive articoli di psicologia e linguistica.

ANTOLOGIA DE IL CIBERNETICO I

www.ilcibernetico.it

www.ingramcontent.com/pod-product-compliance
Lightning Source LLC
Chambersburg PA
CBHW071456220526
45472CB00003B/820